大家小书

论园

童寯 著

北京出版集团公司
北京出版社

图书在版编目（CIP）数据

论园 / 童寯著 . — 北京 ：北京出版社，2016. 7 （2024.8重印）
（大家小书）
ISBN 978-7-200-12011-0

Ⅰ. ①论… Ⅱ. ①童… Ⅲ. ①园林艺术—研究—中国
Ⅳ. ①TU986. 62

中国版本图书馆CIP数据核字（2016）第064966号

总策划：安　东　高立志　　责任编辑：王忠波

· 大家小书 ·

论园

LUN YUAN

童寯　著

*

北京出版集团公司
北京出版社　出版
（北京北三环中路6号　邮政编码：100120）

网　址：www.bph.com.cn
北京出版集团公司总发行
新华书店经销
北京华联印刷有限公司印刷

*

880毫米×1230毫米　32开本　8.125印张　138千字
2016年7月第1版　2024年8月第6次印刷

ISBN 978-7-200-12011-0

定价：49.00元
质量监督电话：010-58572393

序　言

袁行霈

“大家小书”，是一个很俏皮的名称。此所谓“大家”，包括两方面的含义：一、书的作者是大家；二、书是写给大家看的，是大家的读物。所谓“小书”者，只是就其篇幅而言，篇幅显得小一些罢了。若论学术性则不但不轻，有些倒是相当重。其实，篇幅大小也是相对的，一部书十万字，在今天的印刷条件下，似乎算小书，若在老子、孔子的时代，又何尝就小呢？

编辑这套丛书，有一个用意就是节省读者的时间，让读者在较短的时间内获得较多的知识。在信息爆炸的时代，人们要学的东西太多了。补习，遂成为经常的需要。如果不善于补习，东抓一把，西抓一把，今天补这，明天补那，效果未必很好。如果把读书当成吃补药，还会失去读书时应有的那份从容和快乐。这套丛书每本的篇幅都小，读者即使细细地阅读慢慢地体味，也花不了多少时间，可以充分享受读书的乐趣。如果把它们当成补药来吃也行，剂量小，吃起来方便，消化起来也容易。

我们还有一个用意，就是想做一点文化积累的工作。把那些经过时间考验的、读者认同的著作，搜集到一起印刷出版，使之不至于泯没。有些书曾经畅销一时，但现在已经不容易得到；有些书当时或许没有引起很多人注意，但时间证明它们价值不菲。这两类书都需要挖掘出来，让它们重现光芒。科技类的图书偏重实用，一过时就不会有太多读者了，除了研究科技史的人还要用到之外。人文科学则不然，有许多书是常读常新的。然而，这套丛书也不都是旧书的重版，我们也想请一些著名的学者新写一些学术性和普及性兼备的小书，以满足读者日益增长的需求。

“大家小书”的开本不大，读者可以揣进衣兜里，随时随地掏出来读上几页。在路边等人的时候，在排队买戏票的时候，在车上、在公园里，都可以读。这样的读者多了，会为社会增添一些文化的色彩和学习的气氛，岂不是一件好事吗？

“大家小书”出版在即，出版社同志命我撰序说明原委。既然这套丛书标示书之小，序言当然也应以短小为宜。该说的都说了，就此搁笔吧。

导　读

童　明

1931年“九一八”事变发生，从美国宾夕法尼亚大学毕业归来，在东北大学建筑系刚刚任教一年多的童寯先生猝不及防，两天后仓促离开故土沈阳，途经北平，稍停两月后于当年年底辗转而至上海，从此在一个彻底陌生的文化地域里开始了全新的事业。在那里，他与赵深、陈植共同组建了华盖建筑师事务所，专事建筑设计。数年之内就顺利完成了南京外交部大楼、中山纪念馆、大上海大戏院等诸多华彩四溢的重要建筑作品。

然而好景不长，1937年8月，淞沪战役爆发，日渐成熟的事业体系随之瓦解，童寯先生不得不跟随国民政府资源委员会前往重庆，稍后又前往云南、贵州等地，投入后方建设，开始了又一段颠沛流离的生活，直到1945年抗战胜利。

但是就在上海这短短不到6年时间里，童寯先生几乎从零开始，完成了一生中最为重要的学术著作《江南园林志》的写作。这部书被誉为中国近现代园林研究的开山之作，大致成形于1936年，是我国现代最早一部运用科学方法论述中国造园理论的专著，也是学术界公认的继明代计成《园冶》之后，在园林研究领域最有影响的著作之一。

有关中国古典园林这项国粹的研究难度众所周知。在历史上，园林虽然整体上由园林主人进行规划，但是实际操作者大多为园工匠人，因此造园方法很难流传。比较系统而完整地论述造园的原则、要素、经验等方面的理论专著应当首推明代计成的《园冶》，其他则散见于诗文、绘画以及方志小说。总体而言，这些杂识记录都有些断锦孤云、不成系统。即便从事理论研究的文人，大多数也仅仅凭借嗜好，只是发表评论而缺乏实质经验。

童寯在其园林研究工作中，无疑也认识到这一点。他曾经批评古人："除赵之壁《平山堂图志》、李斗《扬州画舫录》等书外，多重文字而忽图画……昔人绘图……谓之为园林，无宁称为山水画。"因此，在总结古人造园经验的基础上，童寯先生的贡献主要在于，他为这门传统建筑技艺纳入了现代科学的方法，具体表现为他在上海、苏州、无锡、常熟、扬州及杭嘉湖一带花费大量精力所进行的园林调研测绘，以及所撰写的文字分析。在《江南园林志》中，许多园林今日早已荡然无存，其中的测绘图纸和照片都显得格外珍贵。

1936年，园林研究巨擘刘敦桢先生前来上海，与童寯先生初次见面，大有相见恨晚之感。见到《江南园林志》初稿后，深受鼓舞，当即决定由营造学社负责刊行，将书稿带回北京，并得到梁思成的大力赞赏。不料该书在排印时卢沟桥战事爆发，其手稿照片和测绘图纸被中国营造学社存放于天津英国麦加利银行保险柜里，而次年的大水又使得手稿全部泡烂废弃。童寯先生36岁完成的《江南园林志》，直到他63岁时才最终问世，此时为他手抄文稿的爱妻已离世多年，他不得不以花甲之年重新绘制抗战前他逐个步测的私家园林，而当时的政治环境已非常严苛。

相对于出版过程中所经受的各种波折，真正艰辛的则是此书的撰写过程。对于童寯先生这样一个纯粹的北方人以及早年的留洋背景而言，从事江南园林研究，就意味着需要从一种几乎完全陌生的状态开始着手，不仅如此，他还需要在当时极为繁忙的工作环境中见缝插针。可以想见，在日常大量而繁重的建筑设计工作中，童寯先生既需要全力以赴地负责事务所绘图房的工作，也需要奔波于各个项目工地之间，而园林研究，只能有待于夜深人静的灯下以及周末假期的片刻闲暇。

至于这项园林研究工作如何起始，目前已经很难考证，很可能也是一种机缘巧合。初至上海，人地两生，童寯先生除了工作关系以外，能够交往的也就是北平清华大学和费城宾夕法尼亚大学在上海的一群校友，特别是他的同事兼搭档赵深与陈植，这两位江浙本土人士提供了莫大的帮助。对于园林的接触很可能是初至上海的某个周末，当童寯先生与一群老友在城隍庙聚会时，无意之间进入了旁边一侧的豫园。

难以想象童寯先生当时的心情，江南园林的景象对于这样一位接受过西洋正统建筑教育的高才生应该是极其震撼的。虽然出国前在清华学堂留美预科班时，童寯先生也曾经游历过北京西郊，特别是圆明园、颐和园这些风貌犹存的北方园林，但当时江南园林所提供的第一触感则完全是另外一种境界。由此，童寯先生进入到他挚爱一生的江南园林研究中。

根据童寯先生的长子童诗白的描述，“星期天父亲很少在家休息，他休息的方式是带着照相机到上海附近或铁路沿线有园林的地方去考察，偶尔也带我去，那些地方有些是荒芜的园子，主人早已不住在里面，父亲向看守人说明来意并给一些小费后，就能进去参观照相”。如果没有特别原因，童寯先生的每个周末基本上都往返于江浙沪一带的园林之中，以至每当在天津基泰工程司工作的挚友杨廷宝到上海时，所提供的招待也就是两人约好一同前往。

当然事情并非总是如此浪漫。20世纪30年代城市之间的交通很不方便，火车汽车的线路极其有限，大多数的市镇可能还只能坐船前往。由于正值抗战期间，童寯先生有两次在调研昆山、吴江两地时，先后被误认为日本奸细而入警察局。到了园林里后，童寯先生并无帮手，一般只能自己一人进行踏勘，遇到无法测量时，只能步量进行估算，由于其深厚的建筑学功底，他所绘制的形状尺寸与别人后来用皮尺所丈量的八九不离十，非常准确。

至于童寯先生如何将这貌似业余爱好的观览转化成严谨的学术研究的过程同样也有些难以确定，这很可能来自于1934年中国营造学社社长朱启钤先生的上海之访。当时应上海中国建筑师学会的邀请，朱启钤先生在城隍庙附近的一座茶楼里介绍中国营造学社，同时也谈到了想要研究南方古典园林的想法。中国营造学社自1930年于北平成立以来，在梁思成、刘敦桢等先生的主持下，进行大量中国古典建筑调查研究，收集很多第一手资料，并印发季刊每年四本。到1935年前后，由于在建筑方面已经成果卓著，中国营造学社开始计划着手另一个领域——中国园林的研究。此时中国营造学社也已经开始注意到江南园林的价值，但是苦于精力不济。

1936年当童寯先生与刘敦桢先生初次见面时，“这时我在上海私人建筑师事务所工作，假日常到邻近各地古典园林游览考察。刘敦桢知道了，就开始和我通消息，并且亲自南来苏州住几天，回去后写一篇关于苏州花园的报告。但他的工作地点不在南方，而江南是园林繁华所在，因此我的条件比他好。那时，据我所知，对园林感兴趣而做点实际工作的，只有我们两人”。

与中国营造学社在志向上的一拍即合固然是一种触机，然而童寯先生对于江南园林的投入更可能来自于在调研过程中对于园林现状的触动。在他的诸多有关江南园林的文章里，可以大量呈现诸如这样的记述：

> 拙政园于太平之役得以幸存，然迄今未修葺。园中屋宇多有倾圮之险。亟待翻造……
>
> 是园幸存，但学校仿西式屋宇，渐失旧韵……
>
> 是园总体甚精，但失修已久，日就颓败……
>
> 觉园日就坍圮，行将灭没……
>
> 乾隆时售于邑庙，遂遭分割，且赁于庙市商贾。今存仅局部，本色早失……
>
> 是园于太平役时尽毁，今者成自近代，除假山和中部

荷池以及在帝园的仿制品外，旧迹不存……

从目前所留存下来的一些20世纪30年代左右的苏州园林照片里可以看到，当时的很多园林并非犹如当今的景象，许多场面已经是房屋倾圮，假山荒芜，杂丛满生。面对当时国内的时局与现实里的园林状况，童寯先生在《江南园林志》的前言中写到，“著者每入名园，低回歔欷，忘饥永日”，深染于“不胜众芳芜秽，美人迟暮之感”。这种紧迫感可能是他在随后的50多年间，对于园林的研究始终坚持不懈、勤耕不辍的根本原因。

然而不太为人所知的是，童寯先生针对江南园林的研究最初却是用英文写就的，其目的主要侧重于向外界介绍这块仍然不太为人所知的文化瑰宝。

1936—1938年期间，童寯先生在上海为《天下月刊》每年撰写3篇英文论文，向世界介绍中国刚刚兴起的现代建筑。这本当时由中山文化教育馆主办的英文杂志由全增嘏先生担任主编，登载介绍中西文学思潮的文章，兼讨论时下的政治问题。在童寯先生参与的文章中，不仅有辨析中国古代建筑装饰、材料以及中外建筑交流的案例，而且也有介绍近年来的中国建筑艺术情况、大屋顶问题、创作风格和将来趋势的文章。

本次文集中所收录的第一篇《中国园林——以江苏、浙江两省园林为主》正是这些文章的其中之一。鉴于当时世界对于东方园林的认知在于日本，为了更正这种观点，明确日本园林的根源在于中国，童寯先生撰写此文。为了更加本质性地呈现中国园林的特点，童寯先生从中国园林与西方园林之间的差异性开始谈起，在文中他写道：

> 中国园林并非大众游乐场所……是一种精致艺术的产物……
>
> 一座中国园林就是一幅三维风景画，一幅写意中国画……
>
> 因为游人是“漫步”而非“径穿”。中国园林的长廊、狭门和曲径并非从大众出发，台阶、小桥和假山亦非为逗引儿童而设。这里不是消遣场所，而是退隐静思之地……

寥寥数语，就已经把江南园林的精髓尽显而出。

而童寯先生对于日本园林与中国园林差异性的辨析，也是别有洞见。他认为日本园林源于中国，但又有所区别的根源在于，日本园林追求内向景观，但整体依然开敞；而中国园林的格局则基本上是一座由院廊环绕的迷宫。事实上，日本园林具有与西方相似的“‘原始森林’气氛”，但它赋予“‘原始森林’以神秘含义并成功地构成一个缩微的世界”。

显然，童寯先生在此文中的本意并非停止于这样一种对比性的辨别，而更在于描绘出他对于中国园林精髓的解析。他对于江南园林的研究之所以卓越，除了其中所包含的弥足珍贵的史料之外，实质上也在于他的学识修养：

1. 世界性的眼光：童寯先生不止一次在他的文章中引用过弗兰西斯·培根的名言：“文明人类，先建美宅，稍迟营园，园艺较建筑更胜一筹。”而这，一语道破了人类营园行为的普遍性目的。在他的文章中，曾经描述穿过蒂沃利的艾斯泰庄园昏暗的走廊和大厅之时，眼前随着一片无比壮丽的风光的出现而豁然开朗，而这种体验则与在中国园林中的游览体验并无二致。童寯先生将园林视为人类与自然之间普遍存在的一种深层对话，地域文明的一种最高体现。因此他认为，争辩中国园林与欧洲园林谁更优越是毫无意义的，因为二者来自于各自所在地区的艺术、哲学和生活，同样都非凡而伟大，并且只有在这样一种世界性的视域中，江南园林的独特性才能真正展现出来。

2. 文化性的根基：童寯先生认为，在中国园林中，一个好的造园家必须是一个优秀的画家，而这与西方园林中的情况完全不同。在崇尚绘画、诗文和书法的中国园林中，造园之意境并不拘泥而迂腐。 相反，“舞文弄墨如同喂养金鱼、品味假山那样漫不经心，处之淡然……隐逸沉思则比哗众喧闹更为享乐”。这种意蕴着重体现在园林假山中，西方园林中的山石尽管也能够使植物、水体与建筑群巧妙结合为一体，但中国园林中的假山则作为自然与人类创造的中介物，能够将前者生命的搏动，优雅地带给后者的冷漠造作。由此而来，中国园林之宗旨则更富有哲理,而非浅止于感性体验。

3. 营造性的视野：童寯先生对于园林研究的重要价值还在于他本人建筑师的眼光和功底，这使他能够超越仅仅是文本中的描述，而进入到实质性的营造体验之中。在他的文中，可以关注到 “中国园林往往封以高墙，园内庭院亦由墙来分隔，时而一边时而两边沿墙设廊……” 他梳理出墙体对于园林的重要性，认为它不仅是园林空间性的构成要素，而且平整素白的墙面加上成组薄砖片瓦叠砌的漏窗，可以映衬出周边自然环境之优美，而这种空间构成的方式，恰恰呈现出中国建筑哲学的深层理念：“中国园林艺术不事炫耀， 它以墙掩藏内秀而以门洞花格后的一瞥以召唤游人。空白的粉墙寓宗教含义。对禅僧来说， 这就是终结和极限。”

因此，为了更为全面地展示童寯先生中国园林研究的思想精髓，谨以《论园》为名出版本书。

该书以曾经由百花文艺出版社于1997年出版的《园论》为基础。由于条件所限，当时出版的《园论》无论在图片质量还是在文字准确方面仍然存有一定欠缺。此次的修订整理，不仅对于先前的缺陷做出弥补，而且对于书籍结构也进行了梳理。

收录于本次《论园》中的13篇文章，是童寯先生除了《江南园林志》与《东南园墅》这两部重要专著之外的多篇园林文章的合集。这13篇文章大致可以分为两种类型，其中一类是基于世界文化视角对于中国园林的审视，除第一篇《中国园林——以江苏、浙江两省园林为主》的主要意图是在向世界介绍中国园林之外，《〈中国园林设计〉前言》、《中国园林对东西方的影响》则是从中外对比的角度介绍并分析中国园林的特殊性。而《造园史纲》则通过史料的收集和整理，为中国园林研究提供一种世界园林及造园历史的基底，该文曾经以单行本于1983年由中国建筑工业出版社出版。

另一类则是以《江南园林》《石与叠山》《苏州园林》《亭》等专题文章为代表，着重探讨江南造园中的技术问题。书中两篇《江南园林》中较短的一篇，写于1970年，大约是前面一篇于35年后重新写作，文中内容已经超越了前篇那种诙谐有趣的中外对比，而更多进入到江南园林的深刻内涵之中，只可惜处在残篇状态。特别是《随园考》一文，显示了童寯先生对于江南园林研究的意趣。在文中，他将园林的营造与当时的社会背景以及袁枚的人生格调关联起来看，体现了他人文视角的特点，而这一点则是园林研究中最为独特而珍贵的。只是可惜当能够从事这样一种研究时，童寯先生已经接近了生命中的最后时光。

2016年3月

目　录

中国园林[*]

以江苏、浙江两省园林为主

一、中西互映

一位法国诗人说，“我很爱野趣弥漫的园林”。这恰当点出了西方与中国园林的差异，后者毫无山野气息。中国园林实非旷地一块，而是分成走廊和庭院，是房屋而非植物在那里起支配作用。中国园林建筑是如此悦人地洒脱有趣，以至即使没有花木，它仍成为园林。[①] 在西方园林中，风景成分比建筑重得多[②]，偶

⋆ 本文系童寯用英文写作，原文发表于*T'ien Hsia Monthly*（《天下月刊》），1936年10月。本文选自晏隆余编《童寯文选》，1993年11月东南大学出版社出版。

① 效法中国的日本园林尤其如此。在京都龙安寺园中，植物全无，只有砂与石，幸绕园尚有小密林以补不足。

② 钱伯斯谓之绿城。

现一座房屋亦是赫然独立。树木、花草和泉池之间的关系比之它们与房屋的关系紧密得多，尽管人们也曾努力按建筑方式甚至对称轴线布置它们。

第一位认真研究中国园林的欧洲人是W. 钱伯斯[①]爵士，他在《东方园论》（*A Dissertation on Oriental Gardening*）中试图证明中国园林的高妙。他有幸在清高宗[②]治下来华，正值中国造园的黄金时代。不过，争辩中国与欧洲园林谁更优越是毫无意义的。只要二者各与所在地区的艺术、哲学和生活谐调，二者都同样伟大。

介于中西之间的是格拉纳达[③]阿尔罕布拉宫[④]。在这里可以发现：一组庭院颇合中国风范，花木水池则按欧式几何轴线布置。尽管它有强烈的对称性，却毫无欧洲园林的生硬和单调。

---

① W. 钱伯斯（William Chambers，1723—1796），英国建筑师，对欧洲，特别对法国建筑有渊博知识，曾来过我国广州。他的欧洲园林建筑作品中，曾几次设有中国式的塔。著有《中国建筑设计》和《民用建筑概述》等。——晏隆余注

② 乾隆帝（1736—1795年在位）。

③ 格拉纳达（Granada）是西班牙安达卢西亚地区滨海省份。——晏隆余注

④ 阿尔罕布拉宫（Alhambra），阿拉伯文意为红宫（红堡），摩尔人王国的宫殿和城堡，建于1238—1358年间，官内装饰奢华，中世纪又仿文艺复兴风格部分重建。现仅存其围墙、塔和壁垒遗迹。——晏隆余注

罗马是欧美园林的源泉。尤以台地和林木为最佳，这皆为地形和气候的慷慨赋予。花坛、雕像、阶梯和小瀑泉布局规整，高大柏树排列森严。然而，尽管有众多轴线和重复，意大利园林借助于层层台地，确实达到了一个目的——使人惊奇。这也是中国园林存在的原因之一。走进蒂沃利[①]的艾斯泰庄园[②]穿过昏暗的走廊和大厅，眼前豁然出现一片无比壮丽的风光。在所有中国园林中，游人都会获得类似体验，但他之所见，也只是整个诱人景色的一部分而非全貌，漫游中他将一次又一次地感到意外。在罗马园林中，层层升起的台地具有相似的空间的境界。而在诸如法国的平坦地面上的园林，这出人意料的因素尽失，尺度扩大更增强其单调感。

中国园林从不表现宏伟，造园是一种亲切宜人而精致的艺术。中国园林很少出现西方园林常有的令人敬畏的空旷景象。即使规模宏大，中国园林也绝不丧失其亲切感。但在法国的凡尔赛宫园，只有星期日的拥挤人群才能驱散荒凉气氛。中国纪念性建筑甚至居住建筑都含有对称性，然而在园林布局中

---

① 蒂沃利（Tivoli），古罗马帝国避暑胜地，存有豪华宅邸、城堡和艾斯泰庄园等建筑。——晏隆余注

② 艾斯泰庄园（Villa d'Este）位于罗马蒂沃利，被艾斯泰收作私邸后于1550年改设计为别墅。内有建筑、喷泉和台地花园。著名音乐家李斯特曾寓此。——晏隆余注

全然不用，因为决定的因素是寻求悠闲而不是理性。[1]

在所有西方园林中，对称性的确可笑地走到极端。勒诺特尔[2]批评道，只有二楼女仆才能经由窗户欣赏美景。但是，甚至连勒诺特尔本人也未完全摆脱其束缚。

中国园林并非大众游乐场所。西方园林令人钦佩地用纵横轴线和十字道路解决的交通问题，在此全不存在。因为游人是“漫步”而非“径穿”。中国园林的长廊、狭门和曲径并非从大众出发，台阶、小桥和假山亦非为逗引儿童而设。这里不是消遣场所，而是退隐静思之地。

诚然，中国园林是一种精致艺术的产物，其种植物却常不带任何人工痕迹。那里没有修剪整齐的树篱，也没有按几何图案排列的花卉。欧洲造园家在植物上所倾注的任何奇特构思，中国人都融于园林建筑中。虽师法自然，但中国园林绝不等同于植物园。显而易见的是没有人工修剪的草地，这种草地对母牛具有诱惑力，却几乎不能引起有智人类的兴趣。高高的柏树排成大道，被修剪的黄杨形同鸟兽，受控的泉水射向定高。用王

---

① 当然，园中单体建筑除外。

② 勒诺特尔（André Le Nôtre，1613—1700），法国杰出园林建筑师之一，曾受托设计凡尔赛宫。

尔德[1]的话说，这一切似乎是“大自然的两笔”。尽管如此，西方园林从未成功地消除其荒漠气息。

中国园林旨在“迷人、喜人、乐人”，同时体现某种可称为蒙蔽术的东西。我不想武断地说，游人都完全明白被蒙蔽，一旦忘却“园”而沉湎入“画”，他就不再感受到尘世沉浮的烦扰。世界在他眼前敞开，诗铭唤起他的想象，美景激发他的好奇。的确，每件景物都恰似出现在画中。一座中国园林就是一幅三维风景画，一幅写意中国画。

一个人游历中西两类园林，会受到完全相反的两种情感作用。人们在离开弗拉斯卡蒂[2]和蒂沃利时，对意大利园林的生动、壮观和纪念性无不留下强烈印象。中国园林不使游人生畏，而以温馨的魅力和缠绵拥抱他。身后的门戛然关闭，他方从一个愉快的梦中醒来。

日本园林源于中国，但其布局与中国相比则成规多而变化少。日本造园家在用一石块时，很少不着眼于它的象征意义，他甚至可以不用水而仿造瀑布水池。树木或被束矮化，或被修

---

① 王尔德（Oscar Wilde，1854—1900），英国作家、诗人和戏剧家，唯美主义者。

② 弗拉斯卡蒂（Frascati）为意大利主教区，距罗马21公里，中世纪起为罗马贵族避暑胜地，今为旅游区。——晏隆余注

剪齐整。日本园林追求内向景观，但整体依然开敞，与中国原型不同的是它没有分划成院廊环绕的迷宫。事实上，日本园林具有与西方相似的“原始森林”气氛，但它赋予“原始森林”以神秘含义并成功地构成一个缩微的世界。

二、中国造园

在中国造园方面，园艺师甚至“风景建筑师”地位很低。后者纯属西方产物，他关心建筑远不及关心风景。历史上诗人、学者和僧侣在中国艺术这一分科方面享受同等荣誉。重要的是一个好的造园家必须是一个优秀的画家。

中国造园首先从属于绘画艺术，既无理性逻辑，也无规则。[①] 例如弯曲的径[②]、廊和桥，除具有绘画美以外，没有什么别的解释，这使中国园林往往带有洛可可色彩。而就那些精美的漏窗、奇异的门洞以及千变万化的铺地来说，原因亦然。这方面，日本园林森林般的质朴与中国园林形成强烈

① 日本园林非此，而把园林分成规则式与不规则式，还有筑山与平庭之别。

② 斯宾格勒（Oswald Spengler）在其《西方的没落》一书中，认为中国园林中的曲径与“道”有关。但道在中国古典中意为直进，或如孔子称“直道而行”。

对比。

中国园林往往封以高墙。园内庭院亦由墙来分隔，时而一边时而两边沿墙设廊。除在坡地情况下，墙体作为分隔园林与外界的手段十分必要。平整素白的墙面衬出成组薄砖片瓦叠砌的漏窗。漏窗的深度加强了形象美：阳光照耀其上，绚丽多变。不同角度的阳光又可使同一漏窗看起来完全不同。漏窗样式亦变化无穷，一座园中极少出现雷同。

中国南方园林中的墙面总要刷白[①]，这可巧妙衬出日月所射的竹影。白墙、绿叶、青瓦、木作，组成中国园林的基调。墙顶蜿蜒起伏，瓦作漏窗能减轻沉重感。有做法甚者，加以首尾，比拟游龙。

墙少直行。它曲折波转，或于亭侧或于山边终止；可以弧线优美地停顿，或以一屏山石而续行。

中国园林艺术不事炫耀，它以墙掩藏内秀而以门洞花格后的一瞥以召唤游人。空白的粉墙寓宗教含义[②]。对禅僧来说，这就是终结和极限。整座园林是一处隐居静思之地。就此而言，日本园林中保留有大量源出禅宗哲理的宗教习俗。

---

① 在华北，围墙常以碎石筑成。

② 禅宗始祖达摩曾面壁9年。

门洞窗格的造型多姿多彩，亦为中国园林特色所在。门洞形同月亮、花瓶或花瓣。没有比通过这类门洞将美景引入眼底更诱人的画框。窗格形象无穷，其花式细密，再嵌以半透明而尺寸不大的贝片。不过，上品乃属简洁有力纹样，而绝非争奇斗巧者。

廉次材料甚至废物的利用，使中国园林中的小径铺地趣味倍增。片石、残瓦、卵石和碎瓷片拼成形色无穷的图案。平面一般呈多边形或四叶形对称组合。也有不对称者，其中最常见的是“冰纹式”。不过，若将图案做成逼真的鱼、鹿、莲或鹤形，便又近庸俗。

中国园林中另一半具有极大魅力的独特成分是假山。世界上任何其他地方都没有对人工山有如此的热情。诚然，在西方园林中，人们常可发现岩石和洞穴，在日本园林中，发现石山或“散石”。但在所有这些地方，石头均未经受过水力侵蚀。京都龙安寺园中有象征虎兽的15块石，一眼看去与野外天然石并无二致。中国假山则多由经过水侵蚀而形状奇异的石灰石组成。这就是“湖石”①，经数百年水浪冲击使成漏、瘦奇形，人们将其从湖底掘起。中国园林少不了假山，它们或峰、或岸、或丘、或穴，甚至统领全园。

---

①“湖石”只限产于太湖者，其他产地亦可用。

中国艺术家酷爱假山，不仅由于其逗人的形状，而且由于石头具有人类往往缺乏的坚固持久性，中国历史上有许多名人喜爱甚至崇拜假山。宋代书画家米芾竟称石为“兄”。另一元代画家柯九思曾向一奇石跪拜[①]。石头一被赋予人性，人们便发现它是可爱的伴侣。

据文字载，汉代即有石园[②]，但首座大型假山园为宋徽宗所建。皇帝本人就是一位出色画家，他对假山的兴趣胜过料理国事[③]。自太湖运送湖石的驳船充塞运河。当时，由于湖石价值大大高于他石，人们便将普通石块凿成所需形状投入急流，历经时日使成赝品。明末“湖石热”曾达到高潮。鉴赏家们为那些由专家肯定的石头付出惊人价格。

宋末，湖州文人叶梦得营造一座几乎全用石头建造的私园，颇具诗意地呼之为“石林”。不过据传其中许多石头都是他在当地发现，只经清洗整理一番罢了。

历史上著名石园，现仅苏州“狮子林”一座幸存，其假山为一高僧垒于1342年。

假山不仅是吸引穴居者和诗人的自然因素，而且在中国园

① 此石现存昆山半茧园。

② 汉代梁孝王与袁广汉均有园。

③ 宋徽宗于1117—1122年间在京城开封东北营石山“艮岳”。

林设计中不可或缺。它使植物、水与建筑群巧妙结合，作为自然与人类创造的中介。假山将前者生命的搏动，优美地带给后者的冷漠造作。人们也许能看出意大利园中的丝柏作为黄杨和别墅的中介发挥同样的作用，正如假山与不规则建筑那样，丝柏与规整建筑配合协调。

叠山方面论述颇多，有的主张盘桓曲折的峰谷洞穴群组以求宏伟，有的只推崇小单峰。清初张南垣不以模仿真山水为然，他喜爱自然界的偶然性和不规则性，以极少石块突出山的本质或隐喻其存在。戈裕良常于园中苦心经营一山，并革新垒洞术。他不屑于迄时洞穴顶部皆以条石板跨盖的做法，而独创一种弯形顶壁，以拱合的石块构成酷似天然的洞穴。

计成[①]、李渔[②]二人有关垒山评论特详。垒山之艺，非工山水画者不精。大山难营，小雅易取。因此，苏州名园狮子林，曾一度不幸得名“乱堆煤渣”。[③]

中国园林几乎全不供起居，通常宅、园相隔，主人偶尔涉足，甚则扃钥经年。这是中国园林易废的原因之一。

园林屋宇多属木构，或一面或多面开敞，以供观赏。意大

① 生于1582年。

② 李渔，号笠翁，生活在17世纪。

③ 见沈复《浮生六记》。

利情形非此，其园中府邸窗和堡垒窗开得一样少。

园林中一种有趣的建筑物是水滨旱船，有时设计一些临时性建筑以敷急需。5世纪末一太子嗜园，为避免他的游乐场所被人在高处的父王宫中发现，他竟发明了可以匆忙间遮掩其人间天堂的折叠墙。

创造性的另一例是元代画家倪瓒应邀赏荷，登门后，但见空庭一无所有。宴罢归庭，惊讶之烈恰如先前之失望，眼前荷花满池。此法甚简：数百荷缸移至略陷的庭院。水柜放水恰淹没缸面，荷池即成。

自来文人记园鲜有对植物恰当报道者。可以说，中国园中植物多用以掩饰楼阁。花卉常被提到的原因在于它芳香流溢，且为赋诗的无价之宝。花中至尊为牡丹、芍药，常见园花为荷、紫藤、李、桂、秋海棠、茉莉和菊。当然，无竹不成园，常青树为松、柏、杉。其他树种不计其数——柳、槭、梧桐、棕榈、芭蕉、榆等。中国园丁的花木移植和杂交之道众所周知。中国园林中的植物学内容，值得由植物学家来另写专论。

三、中国园林沿革

1. 历史

公元前1800年，夏桀建“玉台”，似为今日中国园林之始。《诗经》云，此后700多年，周代开国君主文王造“灵台”，又营“灵沼”“灵囿”，《诗经》亦论及果园、菜圃和竹林。一俟牧人接受比较稳定的农作方式，园林胚胎就落到沃土之上。

秦始皇统治下，首创宏大御园，合台、池、林、囿而成猎苑。园名“上林”，汉武帝扩之，集合其他离宫别馆，形成都市长安[①]。帝王庶民同样命短，使武帝烦恼万分。他命人水中堆山比拟天堂，以求不死。此主题即今中、日造园中池—岛手法渊源。

至此，园林已非天子独玩，梁孝王的王子花园（在今河南省内），曾炫耀园中叠石的假山，据记载这是他的首创。同时代富民袁广汉沉湎于同样的乐趣，筑园洛阳附近。武帝时尚有

① 今陕西省省会西安。

董仲舒[①]的文人园，据传，为专心致志而免惑于园，其室内垂帷帘三年不起。当时文人园甚简，只不过堂前隙地略植树木，似同欧洲中古寺园。

晋时始见私园流行。在河阳[②]，文人兼船业巨贾石崇建“金谷园”，挥霍无度，其嗜欲之一是令美人步于芦粉之上，有留浅痕者，即被视为过胖而须节食。其宠妾“绿珠”为此痴情而付出了生命，正如梅萨利娜[③]。石崇自称园中有树、池、亭、塔、飞鸟游鱼无数，他终日垂钓、赏乐和读书。50多年后，贵族文人顾辟疆营园苏州，目者莫不艳羡。一次与一闯入者恶争，这和顾氏本人同样傲慢之徒恰是王羲之之子。是园为苏州同类园中最早，但遗址至宋时已不可考。

盛唐时，园林别业遍布都城长安及其近郊，为官宦避暑胜地。文人雅士筑园无数，诗画家王维的“辋川别业”声名尤高，是园地广而主自然风景。王维所作《辋川图》被后之雅士虔诚仿效，园遂美誉日增。唐代另一诗人白居易无论身居

---

① 董仲舒，广川（今河北省）人。

② 今河南。

③ 梅萨利娜（Messalina），罗马皇帝克劳狄之妾，以淫乱和阴险称世。——晏隆余注

何地，即便短驻，皆营园，其作无精，但以一山一池接近自然为足。

北宋洛阳私园甚多。在《洛阳名园记》中，李格非述园25座，其中数座始于唐，都城开封亦以多园称著，皇家假山园“艮岳”[①]名重一时。

南宋杭州和湖州为园林中心。都城杭州除无数私园外，御园甚多，著名“西湖”赋予该城无比的美，更因环山增色。湖州[②]当时有园不下三十，今则荡然，现存劣园全不符昔日光荣。苏州有名园两座，一为朱勔（艮岳督石官）“绿水园”，庞大别业耗其全部才华；另一为朱伯原“乐圃”[③]，是园历经修葺，面目全非，但今尚存。

明代江浙私园盛极，其中以南京、太仓、苏州、杭州和上海为最。几经沧桑，今颇有留存。1634年计成著《园冶》起，造园学始成系统。计成叙述风景建筑若干分支，同今日所见，形成有趣对比。与计成同时代的朱舜水，当明清易更之际逃难日本，使日本园林受到中国的有力影响，今东京“后乐园”可证

---

① 宋徽宗（1100—1125在位）于1117年始营这座皇家石园。朱勔奉遣南方采石，为了取悦他的君主，几乎无一石块得免于翻转。

② 今吴兴。

③ 即环秀山庄。

其成就。

清初，扬州成为空前庞大的园林城市。康熙、乾隆祖孙两帝，南巡中曾数次驾临。艺术家兼鉴赏家的乾隆流连乐园动辄题咏，并带走大量山石精品。扬州有一无比特色：运河两岸皆园，自市肆至山林绵延不断。值货币自由流通年代，倾城赀货以充天子欲壑。多数园林的唯一目的是娱悦皇上。一次，皇帝巡游运河时骤生想法，为使景色完美，某寺旁须有一塔，翌日，瞧，真妙！果然出现一塔为大自然增色，不消说至尊大悦。但是，此塔今已濒临坍圮，制作者当足以草率为憾。

乾隆南巡中还去过无锡、苏州和杭州，临幸所有使他生趣的园林。后来，他仿制若干于北京，其中一座今存颐和园东北角①。除罗马哈德良大帝②外，世间似无君主曾于自己领地如此广游并复制众多乐园以愉悦记忆。乾隆驾崩后，扬州园林渐渐被人忘却，继而倾圮，以至湮没——幸存者仅二三，如寺园“小金山”及“平山堂”。③

---

① 此园应为“谐趣园”，系清乾隆时仿无锡惠山脚下的寄畅园建造，原名为惠山园。因乾隆曾在《惠山园八景诗》的诗序中写道：“一亭一径足谐奇趣”，嘉庆时重修改名“谐趣园”。

② 哈德良大帝（Hadrian，117—138年在位），罗马皇帝中最有文化者。精于星象学，又具艺术家气质，曾重修罗马万神庙。——晏隆余注

③“平山堂”为宋欧阳修建于1048年。相邻之园营于1736年。

清初，诗人、学者和伊壁鸠鲁之信徒袁枚营“随园”，称盛南京。1748年他购丘地废园，以全部余生投入经营。与普林尼[①]一样，袁枚有幸以文人而享私园，古今罕见。他死后，随园改葺再三，1853年太平天国时[②]夷为平地。

太平天国时，毁园数千。但此前此后，论质论量，江、浙园林均居全国之冠。下节所介绍的现存园林，皆属此两省。

2. 现状

宋、明至清初园林，今仅存遗址。兵劫、火焚及营园材料的易损，致使众多历史名园倏尔湮废，太平天国为最后一击，今所见者仅昔日余晖。自玻璃和水泥推广，中国园中极美的特征如漏窗、铺地渐已消失。今有甚者，竟企图以水泥仿石垒山。

这就是艺术与商业精神的冲突。因耗费巨大而难于维持的中国园林，在地产改造中濒临湮灭之灾。时代进步的悲剧在于消灭人类珍贵艺术成就之一的园林。

苏州

“拙政园”又称满洲园，在城东北，16世纪初王氏建于元

① 普林尼（Pliny，23—79），古罗马作家，在科学和历史方面对西欧精神文明的发展有过重大影响。——晏隆余注

② 1850—1864。

图1　上海九果园花窗

图2　太仓亦园

图3　浙江南浔，墙之尽，山之始

图4　苏州美园游廊

图5　常熟翁氏九曲园之曲廊

图6　杭州西湖蒋庄，湖中倒影

图7　苏州狮子林修竹阁

图8　南翔猗园

图9　苏州惠荫园

图10　苏州沧浪亭花窗

图11　江苏常熟虚霩居瓶门

图12　江苏常熟虚霩居月洞门

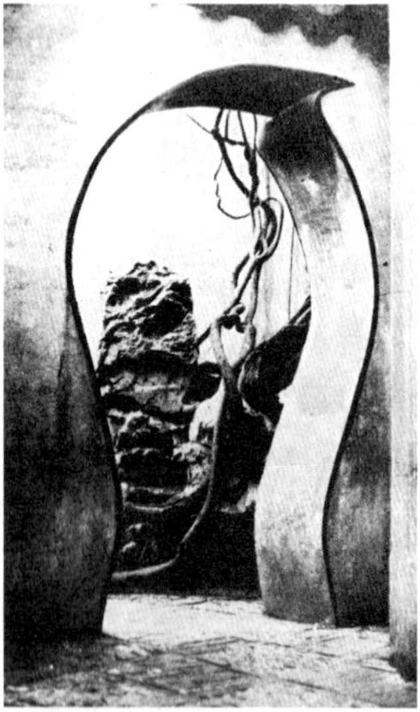

图13　上海豫园

图14　浙江南浔适园石桥

图15　苏州拙政园九曲桥

图16　浙江石门某寺园中的绉云峰

图17　苏州留园中的冠云峰

图18　苏州留园铺地

图19　苏州留园铺地

图20　南翔猗园月窗

图21　苏州拙政园入口

图22　苏州留园，艺术与自然之和谐

图23　江苏常熟虚霩居荷池

图24　上海豫园鸟瞰

图25　清初烟雨楼

图26　戴熙画苏州拙政园图

代古寺旧址，不久徐氏于赌场赢得。清初归陈氏，又因清廷添设驻防兵而改为将军府。1679年为苏、松、常道署。旋又散为民居。1742年，蒋氏改葺名“复园”。后百年内两易其主，太平天国时为一起义军首领所占。太平役后易江苏巡抚署，1872年改八旗奉直会馆。辛亥革命推翻清廷，是园部分开放。

拙政园东邻前为王氏园，亦明代遗物。西侧部分本属拙政园，后为叶氏所得，再归张氏。

拙政园于太平之役得以幸存，然迄今未修葺。园中屋宇多有倾圮之险，亟待翻造。

1533年，文徵明曾作一组拙政园图[①]。1836年，戴熙复将文图各景收归一幅。由图显见，该园自始建后并未经历根本性的改动。

“狮子林”距拙政园不远，原为佛寺一部分。1342年，僧人惟则垒假山。40年后，倪云林作图，此园遂声名倍增。园与寺可能明末分开，易手黄氏时，乾隆驾临并效其制于北京[②]、热河[③]营两园。园名“狮子林”传有两种解释，一说园内有石状似狮形；一说惟则曾于天目山“狮子岩”修炼，因命名以怀

① 今中华书局翻版。

② 圆明园一部分。

③ 文园。

旧。是园后归李氏，1918年至今属贝氏。除大部假山外，殆皆新建。

“刘园”（留园）在阊门外，始于16世纪中叶（明代）。1800年为刘氏所居，因名刘园。1876年盛氏购之，易名留园（“留”“刘”同音）。新主不惜巨耗，增拓东西两部，中部山池属原来的产业。是园以大称盛，院落走廊扑朔迷离。总体略嫌局促，但屋宇建构精巧，措置适宜。是园太平天国时得以幸存，其后多经翻造。

“环秀山庄”在景德路，本五代（10世纪）广陵郡王故园。宋归朱伯原，名“乐圃”；元时属张氏。1470年，杜东原购之，后归仕人申时行。清乾隆时，蒋氏居之。假山洞穴出自戈裕良之手，今人多认为其法远胜狮子林，多因其所用造穴之法。

易主频频，环秀山庄终归现主汪氏。太平战祸有毁伤，1898年重修。近代曾用作营房，部分建筑营租。

“怡园”在城中。清末顾鹤逸筑于明代园旧址。东部平淡，唯中部假山、鱼池为苏州上品。

“西园”为寺园，距留园甚近。原为16世纪徐氏西园，后捐赠给附近寺庙。太平天国时，园、寺俱毁。今寺全为重建，而相邻之园未尽复。

“惠荫园”在城东，本明代归氏园，1649年韩氏购得嗣被焚。1751年重修，后归倪氏，太平役后半毁。1866年为安徽会馆，旋增建。是园地势平坦，重阁颇精。院厅广大偶资礼仪。是园类似城内他园，有待修补。

“瞿园”在城南，本宋代网师园。18世纪初，园中芍药茂盛，品种与扬州并称。数次易主，今属张氏，园中仍有人居住，为名园中罕例。富于人性的精美细部，给园林增添很多魅力，近池宴亭为总体点睛。是园同其他古园，老树依存。

“沧浪亭”亦在城南，始于10世纪。百年后为文人苏舜钦购得，建“沧浪亭”，即今园名。14世纪曾变僧院，16世纪中叶僧人文瑛复建一亭。1697年园地扩增，1827年修亭，太平战祸毁损甚重。1873年再建，1927年改建美术学校，是园幸存，但学校仿西式屋宇，渐失旧韵。

沧浪亭曲水临门，桥廊屋宇环之，不筑高墙，自无畛域。园内清雅漏窗，变化甚多。

“羡园”在木渎，去城西20里，小镇以良工著称。园中木作精雅，为清代上品。1828年诗人钱端溪所筑，称“端园”。太平之役，木渎旧有潜园、息园俱成灰烬，唯端园尚存。1902年今主严氏购之，号之羡园。是园总体甚精，但失修已久，日就颓败。登楼北眺，近望灵岩，寺落塔耸，游目骋怀。

此外，城内尚有众多小园，多散为民居，其中若干值得一述：“可园”与沧浪亭相对，形势开朗，今为省立图书馆，“靖园”与虎丘毗邻，即李鸿章祠。

扬州

“何园”在城南，为扬州私园之最大而仍存者。太平役后为何氏所建。西式房屋多幢与园隔绝，碍眼程度较他园中西混杂者为轻。是园规模甚大，一度为督军占用，荒圮日甚。

“平山堂”在城北山上。1048年建堂。1736年堂重建时增加了园林。太平天国之后堂、园均修复，今为扬州主景。

“徐园”与小金山相对，建于20年前。欠苍古且少吟咏，是园鲜为人知。附近岛上筑“凫庄”，此园林风景优美，但已完全衰败。

常熟

“燕园”在北门内，清初蒋氏构之，乾隆时戈裕良为垒假山，是园乃称世。18世纪中叶为归氏购得。太平之役，有一定程度的毁伤。30年后为今主张氏所有。

戈氏假山为园中主景。山分两处，南山处于池中而有廊桥可达，湖石绝胜。

“虚霩居”属曾氏，为城内另一名园。巨池居中，屋宇环之。今损于西式住宅夹杂。“壶隐园”本明代第宅，1805年吴氏所构。今主丁氏但扃钥为常，荒废日甚。“九曲园”属翁氏，亦甚凋敝。沈氏“澄碧山庄”在北门外，园林为近期所建。

南浔

“宜园”在镇东，清末为庞虚斋所构。园地长方，南半部亭榭曲折，北半部荷池开敞。南浔诸园无能与此争者。张氏园与其相邻。

“适园”“觉园”“小莲庄”均以池为主。适园屋宇颇精，但杂入西式。觉园日就坍圮，行将灭没。

嘉兴

“烟雨楼”在南湖中，四面环水，10世纪初建，13世纪重建，16世纪增拓。清初重建楼殿，太平之役毁于战火。1919年后始复旧观。

乾隆帝深喜是园，爱其名之诗意。文人喜在烟雨中观赏楼台和四周园林景色，故名。

“落帆亭”为小园，在运河古闸附近。始于宋，17世纪重建。1880年太平役后再建。是园与烟雨楼均非私产。

上海

“东园”（内园）、“西园”（豫园）均在城隍庙旁。东园建于乾隆年间，19世纪遭兵重劫，1920年修复。园占地仅两亩，为现存小园佳构。

西园本16世纪中叶潘氏所构，方广40亩，经营20年。乾隆时售于邑庙，遂遭分割，且赁于庙市商贾。今存仅局部，本色早失。

“哈同园”占地近200亩，为现存园之最大者。近代建构，中西夹杂。其他如“徐园”“半淞园”“九果园”均不值一顾。“也是园”本明代南园，今存为1876年、1882年、1893年3次增易，自为官厅，古雅顿失。

附近城镇亦有园。青浦寺园名“曲水园”。吴江寺园名“共怡园”。松江太平役前园林甚众，今仅存“醉白池”。嘉善有“东园”。昆山“半茧园”本明代茧园一部，乾隆时并入邑庙。园内丘上“寒翠石”，元代画家柯九思曾见而下拜。

南翔

“猗园”始自明代，布置出自朱三松手，后归诗人李长衡。清初叶氏购之，旋入城隍庙。19世纪初修葺。太平役时多有毁损，1868年修复，近改公园，引入日益增多的人造物。是园以梅花五面亭称胜。

杭州

杭州风景自古与苏州并称，而今园林逊色。商业浸染及市政畸形西化，摧残古迹名胜，日损旧日盛誉。园林数量众多，别业取媚暴发户，雅趣甚少。现存佳园有“刘庄”“郭庄”“高庄”“孤山公园”。“西泠印社”为高下措置佳例。“文澜阁”，昔为图书馆，今则是博物馆，阁前山石颇精。“三潭印月”四面皆水，有三角亭、万字廊，园寺结合。“漪园”又名“白云庵”，今已倾圮。

无锡

“寄畅园”在惠山旁，本16世纪秦氏园，儿孙相传至今。1751年乾隆游赏是园，并仿制于北京近郊清漪园（今颐和园）内，名“惠山园”，嘉庆时重修后易名“谐趣园”至今。

是园于太平役时尽毁，今者成自近代，除假山和中部荷池以及在帝园的仿制品外，旧迹不存。

太湖诸园，均近代所构。

太仓

“半园”本明代王世贞私园，今真趣已失，旧日假山，仅存一隅。

“南园”本明代园，清初画家王时敏增拓。19世纪重修，太平之役毁于兵火，再修时改为书院，现屋宇破旧不堪。

“亦园”为近代所构，设计为当地之冠。1935年改医院以来，出现一些讨厌的更改。

嘉定

“秋霞圃”为两园所并，现失修已久。先有明代龚氏园，后归汪氏，1726年入邑庙为寺园，约40年后沈氏东园亦加入寺园，遂趋完整。太平役时荒废，1886年修复。

其他私园中著称者为“雪园”，属胡氏，为近代所构，矫揉造作过甚。

南京

太平役前，南京以美园众多称著，今则荡然。胡氏“愚园”建于役后，然久失修葺，已为废土。“瞻园”本明代园，乾隆帝仿其制于京郊建长春园。太平役后，整修甚劣，今为学校官厅瓜分。

市政施工及地产事业的改进，都促使优美古老的园林加速毁灭。城南刘园残迹，最近因修筑铁路，已夷为平地矣。

《中国园林设计》前言*

弗兰西斯·培根[①]曾言："文明人类，先建美宅，稍迟营园，园艺较建筑更胜一筹。"如果建筑是为了生活，那么在生活尚未成为一门艺术之前，造园就不可能得到认真考虑。

在西方，私家花园与公园并无太大差别。而西方公园似乎是以锻炼强壮体格为目的。中国园林，则是为了想象，赋有人文气质，并以乡村之野趣为极品。文艺复兴式的壮丽和辉煌并未呈现于中国园林，在中国园林里，富人渴望乡野朴实的快乐，而只沉醉于蓝天白云，明月清风。他的环境是一种虚构，他的生活是一种哲学，他的宇宙是一个梦想。只有与世隔绝的人，才能体验到完满的快乐。

---

* 此文系作者用英文写作，写于1945年。选自《童寯文集》第一卷，此前未曾发表。童明译，童文校。

① 弗兰西斯·培根（1561—1626），英国启蒙哲学家。

与追求享乐主题的艾斯泰庄园[①]和图埃乐里[②]宫苑相比，中国园林之宗旨则更富有哲理，而非浅止于感性。在崇尚绘画、诗文和书法的中国园林中，造园之意境并不拘泥而迂腐。相反，舞文弄墨如同喂养金鱼、品味假山那样漫不经心，处之淡然。闲暇之余饮茶品茗无疑要比藩篱之后调情说爱更有益身心，情场争风吃醋往往以决斗而告终。西方世界似乎会更完美，如果西方向东方学习生活的艺术，隐逸沉思则比哗众喧闹更为享乐。

---

① 艾斯泰庄园系意大利著名园林，地处蒂沃利，距罗马东部30公里，1550年由李高流为大主教意珀里托·艾斯泰二世而建。该庄园饰以绘画和塑像，是意大利文艺复兴时期最美丽的园林，整个花园布满入画的喷泉。——童明注

② 图埃乐里系前巴黎皇宫，由凯瑟琳·美第奇规划，于1564年由杰出的法国文艺复兴建筑大师德勒母设计，但很少作为皇宫使用，直至1789年，路易十六被迫从凡尔赛宫迁入。路易十六及家属在1792年反叛未遂被捕于瓦仑后又被遣回该宫，几周后，革命群众冲入图埃乐里，将路易十六送上断头台。拿破仑一世将图埃乐里变成他的主要寓所，随后，便成了路易十八、查尔斯十世、路易-飞利浦，及拿破仑三世的皇宫，直至1871年，图埃乐里毁于巴黎公社的大火中。图埃乐里壮丽的园林系由法国造园巨匠勒诺特尔经营，其遗迹与今日卢浮宫相邻。——童明注

中国园林对东西方的影响*

《建筑师》编者按：这是童寯教授的一篇遗稿。童教授20世纪70年代初在某外国杂志上，看到加拿大一学生给该杂志的信，认为日本是东方园林艺术的起源地，并影响了中国和西方。童先生因而撰写此文，以论证中国园林对东西方的影响。

作为珍贵历史遗产，中国古典园林有其世界地位，这是西方学者早已公认的。1954年在维也纳召开世界造园联合会（IFLA）会议，英国造园学家杰利科（G. A. Jellicoe）致辞说：世界造园史中三大动力是古希腊、西亚和中国；并指出，中国

* 此文写于1973年11月，修改于1974年1月，首次发表于《建筑师》第16期，中国建筑工业出版社1983年11月出版。

造园艺术对日本和18世纪的欧洲都起过影响。作为园林艺术探索者，我们试做如下申述。

生活上要求有调剂和多样化，在旧时代突出地表现在帝王离宫御苑和士大夫园池别墅，作为避暑、款待、优游的地方。中国文人所誉美的“城市山林”，正和意大利古典文学所称“Rus in Urbe”不谋而合。造园意图，在东方是通过林亭丘壑，模拟自然而几临幻境；在西方，则是整理自然，使井井有条。两个世界各自通过物质手段企图满足精神上某种需求。

日本在公元前7世纪以前，就由朝鲜输入中国文化。造园艺术承袭秦汉典例，用池中筑岛，仿效中土的海上神山。552年，通过朝鲜输入佛教。600多年后，又从南宋接受禅宗和啜茗风气，为后来室町时代（1336—1573）的茶道、茶庭打下精神基础，而逐渐达到日本庭园全盛时期。宋、明两代山水画家作品被摹成日本水墨画，用作造庭底稿，通过石组手法，布置茶庭、枯山水。室町时代的相阿弥（？—1525）和江户时代（1603—1868）的小堀远州（1579—1647）把造庭艺术精炼到极简洁阶段而赋予象征性的表现，有时甚至濒于抽象，已经超脱中国影响而进入青出于蓝境界。和远州同时的明末计成（万历十年即1582年生），工诗能画，又善造园，把实践经验写成《园冶》一书，于崇祯七年（1634年）付印；流入日本后，被称为《夺天工》，足征彼邦评价之高。明遗臣朱舜水，比计成晚一辈，也擅长造园，亡命日本，亲自带去计成所阐明的当时江南园林风格；今东京后乐园，仍然存在朱氏遗规如圆月桥、西湖和园竹等，被称为江户名园。最意味深长的是，日本庭园建筑物和配景标题以及园名，全用古典汉语，表达风雅根源，十足显示中国影响。

希腊罗马规则对称造园法式，由拉丁民族继承下来。英国造园艺术最初就是由西班牙传入，然后又追随法国。到18世纪，开始抛弃传统，和东方一起共鸣，形成英国造园自然化的风格，甚至把影响扩散到欧洲大陆，蔚为造园史上一段奇观，其根源值得思考。宗教和贸易是促进欧亚交通重要因素。13世纪，就由梵蒂冈派遣教使东来中土，威尼斯商人马可·波罗入仕元廷，遗有游记，描述中国风土人情，园林城市。欧洲最早关于中国园林的具体情况，则来自驻华耶稣会传教士的著作和信札，从17世纪中叶起，并于中国史、地书刊陆续出现。1699年（康熙三十八年），驻北京天主教法国教士李明（Louis le Comte，1655—1728）著《中国现势新志》三卷，涉及园林的池馆山石洞窟。这书引起欧陆人士很大注意，重印五版并有英、荷译本。但在此以前，由于英印海上交通频繁，自然很早就会有关于中国园林的一些传闻，加上由华出口瓷器的蓝白园景和糊墙纸刻印的亭馆山池版画，都有助于西方对中国园林面貌的了解。早在1624年，英国诗人、外交家沃顿（Henry Wotton，1568—1639）就说：工厂形式要规则，而园林则不求均衡。比他晚两辈的文学家谭卜尔（William Temple，1628—1699）于1685年所著书中“如是我闻”地竟谓，在园林布置，中国人不屑用直线对称，也无视条理秩序，这种形式谅必更为悦目，而只有富于才华的中国民族才做得出；就英国来说，最好知难而退。他的话没使英国人气馁，却引起英国造园学的革命。1743年（乾隆八年）法教士王致诚（P. Jean-Denis Attiret，1702—1768）由北京致巴黎友人函，描述圆明园美妙景物，称之为“万园之园，惟此独冠”（Le Jardin des Jardins，ou le Jardin par excellence）。前此一年，英国东印度公司职员钱伯斯（William Chambers，1723—1796）随船到广州，除游览广州商人园别墅，还可能看到当时广州文人园如唐荔园、景苏园等。1761年他在所造伦敦郊区的丘园（Kew Gardens）内，修建中国式十层宝塔、孔子庙和中华馆，并于1772年著《东方园论》（*A Dissertation on Oriental Gardening*），予中国园林以高度评价。比他长一辈的英国贵族凯姆斯（Henry Home Kames，1696—1782）也认为中国园林比世界任何其他地方的都更出色。1753年（乾隆十八年）英使马戛尔尼（George Macartney，1737—1806）到北京，曾“奉旨在圆明园万寿山等处瞻仰并观水法”。英使带两名园丁同来，迭携花木；嗣后英国人福琼（Robert Fortune）1842年也来华搜集植物，以充实英国日益丰富的品种，其中包括垂柳、银杏、辛夷、紫藤、牡丹、菊花、玫瑰。

中国经常为人所诩扬的唐朝王维（701—761）辋川别业，是诗人、画家躬自经营的文人园。人称王维诗中有画、画中有诗；辋川就是诗、画结合的园林。这结合遂成为唐、宋以降被仿效的榜样，而更耐人寻味的是，变为18世纪英国风景园的精髓。英国资产阶级尤其贵族们在17世纪末期对传统规则式园林渐感单调而生厌，认为山林中的怪石断涧、野穴苍岩，比权门富室古典庭院中的方蹊直径更为活泼而要求改变风格。在文学作品熏陶下，风景园的含苞怒放已不可遏止；更加上法国画家普桑（Nicolas Poussin，1594—1665）、劳伦（Claude Lorrain，1600—1682）和意大利的罗沙（Salvator Rosa，1615—1673）等的风景作品，最引起英国旅游大陆者的幽情雅兴。英国浪漫派散文作家阿迪生（Joseph Addison，1672—1719）宣称，园林唯有像天然风景才有价值。还有蒲柏（Alexander Pope，1688—1744），他说“凡园皆画”，主张以画理治园，而蒲柏本人就是赁地营园，自做规划，并为友人代庖，从实践中体会画与园关系的诗人。他立意投入诗中有园、园中有画的尝试，并制定造园三律，即对比分明、意外之景和无尽意境。这和中国古典造园精神再切合不过了。蒲柏的好友史本斯（Joseph Spence），作为园艺家，也把诗、画连成一气，说园林是放大的画面。诗、画、园三艺术息息相关的结合，正是中国造园学说的最高成就。风景园先驱肯特（William Kent，1685—1748）和蒲柏同时，也完全同意他的观点。肯特到意大利学绘画，深为罗沙、普桑等风景作品所吸引而决心做一个造园家，以便在自然界实现理想画面。回到英国后，他在实践工作中，把规则式古典旧园一概铲平而代之以不规则式风景园，甚至栽一棵枯树使园入画。他所造的园，具有一连串画面，穿过一面又一面，就如在中国园庭步入一院又一院一样，具有时间结合空间的清新境界。他的名言是“自然界憎恶直线”（Nature Abhors a Straight Line），这同时正指出和东方园庭相似之点。他有子数人也能继承父业。文艺复兴时期，园林中没有石的安排。惠特里（Thomas Whateley）于1770年所著《近世造园论》中把土地、树木、水、石和建筑物作为造园素材，而首次肯定石在园林中的艺术地位。回观中国，在西汉梁孝王的兔园，就已经用石点缀园景。1705年，建筑师万博娄（John Vanbrugh，1664—1726）在设计布伦海姆宫（Blenheim Palace）时，向主人建议延请画家参与园地布置。他这观点不久就被诗人、浪漫主义先驱申斯通（William Shenstone，1714—1763）所肯定。申斯通认为山水画家是造园最优不过的人。布伦海姆园地经过更番改造，终于落到布朗名下做最后修整而成为杰作。布朗（Lancelot Brown，1716—1783）是英国风景园杰出宗匠，具有化腐朽为神奇的本领。每遇委托，便在度量地势时宣称“这里大有可为”，因此博得“可为布朗”（Capability Brown）绰号。他的作风是把大片规则式绿地用树丛遮断，把成行林木分为若干堆，把方整池泉改为湖沼，广阔水面，林谷交织，排除花卉雕像；于是一幅天然图画出现在眼前。他能通过简洁手法，用少量物质，得最大效果。倘使再进一步，就接近日本的抽象石庭。他的主要成就在于改造旧园，因此又被呼为“改良家布朗”（Brown the Improver）。

英国风景园至此已登峰造极，是全盛时期。但盛极而衰，到布朗的门徒赖普敦（Humphrey Repton）就改变作风，虽然着眼在风景构图，但有意识地不把园与画等量齐观；认识到由于视点、视野、时间等因素的差异，天然景物和山水画具有本质差别。本来18世纪中叶英国诗人已经感到风景园走得太远，19世纪一开始，就异口同声怀念古典园林，布朗成为被批评对象，整个18世纪的英国风景园运动就渐沉寂而最后收场。

当英国18世纪风景园的蓬勃发展时期，法国不但不落后，而且在16世纪就有仿中国假山；1700年并有人试造风景园，这比英国早得多，只不过停顿在浅尝辄止阶段而没继续下去。18世纪中叶，英国风景园移植大陆，法国才又想迎头赶上。就在这时，王致诚北京书缄到达巴黎。法国人把中、英园庭做一比较，发现两者声气相投，若合符节，因而创“英华园庭”（Jardin Anglo-Chinois）一词。法国人当时几乎热衷于英国每一事物，英国关于风景园的著作都广为翻译流传。1750年孟德斯鸠访问英国，返法之后，立即起造英华园庭，以满足其理性的、浪漫的田园式生活。卢梭著书鼓吹返回自然，更引起巴黎市内和近郊兴建英华园庭。最著称的是俄米浓维尔别墅（Ermenonville），是贵族吉拉丹（René de Girardin，1735—1808）于1763年耗巨金所造的风景园，由主人和山水画家“自营心匠”，按粉本安排园景，其结果是英国造园家申斯通自营别业的田园风味于此活现。吉拉丹认为俄米浓维尔山池之美，来自他们称的“诗心画眼”（The Poet's Feeling and the Painter's Eye），这何异出自明、清骚人墨客之口！18世纪下半叶正是继巴洛克（Baroque）之后，受中国陶瓷丝绸漆器濡染而出现的洛可可（Rococo）艺术时期。洛可可式和中国园亭细巧柔曲风格形成默契，因而英华园庭的零星点缀建筑物都被纳入中国小品（Chinoiserie）范畴，法国最著名一例是路易十四在凡尔赛宫园为娱其宠幸蒙台斯班夫人（Mme. de Montespan）而建的蓝白瓷宫（Trianon de Porcelaine）。仅巴黎一地，有中国式桥、亭的园林就达20所。洛可可式也流入英国，造园家瓦尔普勒（Horace Walpole，1717—1797）的风景式“草莓山”园就是一例。德国在风景园方面的著述翻译不下于法国。柏林波茨坦无愁宫园有中国式茶厅。德国其他地方又有“龙宫”、水阁、宝塔等点缀的园林。18世纪末，斯凯勒（F. W. von Sckell）到英国游览之后，回德国为一贵族起造风景园。19世纪初，德国诗人、交际家、贵族穆斯考（Pückler-Muskau，1785—1871）仿英国布朗的体裁造一风景园，其规模之大竟致破产，使他不得不出售而与园永别，落得由浪漫主义开始，以伤感主义告终。风景园又由德国传入匈牙利、沙俄，以及瑞典，一直延续到19世纪30年代。由于中国小品是不耐久材料所造而且纯出于赶时髦，所以一转瞬间，就变为历史陈迹。

东西方哲学观点、风俗习惯，彼此径庭，而18世纪独在造园理论上完全吻合；即非如中、日的薪火相传，也很难说是纯出偶然。由英国开端的风景园，其中有和中国园林巧合的成分，也有被启发的成分，更有受直接影响的惟妙惟肖成分，东西方基本区别还是永久性的，偶成同调则是暂时的，中途不期而遇，就又分道扬镳。

英国培根1625年著文论造园指出："文明人类，先建美宅，稍迟营园，园艺较建筑更胜一筹。"很自然，培根是把园林当作上层建筑的上层。18世纪末，英、法首先开放都市大片绿地作为公园，任人游览而具有大众性。但私人园林在资产阶级世界是豪富和风雅文人的私产，阶级性极为明显。私园作为象牙塔，仅供少数人欣赏使用，一般人只有向隅。曲桥曲径、琴童茶亭，都是消磨时间的媒介。剪树绿篱、石舫假山，全属违反自然、矫揉造作的表现。仙禽驯兽、古木湖石，和断崖废墟的点缀，除表达主人的闲情逸致，又暴露其消极颓废人生观。但另一方面，亲眼看过中国园林的钱伯斯，既有功于推动风景园发展，又在伦敦丘园中，不但负责经营中国风格的建筑物和岩石园，更重要的是奠定英国18世纪植物学科研基础，使丘园成为世界著名花木名种基地；这是英国风景园最有价值的贡献。在艺术处理方面，中国造园学的大小对比、明暗对比、虚实对比，和借景、对景以及"移天缩地"等手法也足供公园规划和绿化措施的参考。

中国古典园林主要散布在江南一带，其中苏州更是精华所在，集中大小园墅几乎百处以上，是世界上任何地方都少见的，这是由于苏州具有自然、经济、技术、艺术和文风等优越条件。旧时代虽然有文人记载名园，但多涉及雅人韵事，史乘轶闻，很少品评其艺术价值。园林主人对一般探访游客，或闭门不纳，或讳莫如深，而一当门庭中落，无力维修，就任亭台颓败，花木荒芜，以致逐渐沦为废墟而归湮灭。苏州园林大规模和有系统地修复，供人民游息之用，还是新中国成立后的事。私家园墅保存下来，适当修改，加以利用，对社会主义建设事业还有其积极意义。

1973年11月写　1974年1月修改

江南园林（一）*

自古就以农立国的中华民族，农在文化上占有崇高地位，并影响士大夫的思想行为。读书做官的忘不了放归故里，失望愤世的只希图“长为耕者以没世”，武人也以“解甲归田”为最终愿望。田园并称，同属绿化，园只不过是田的美化加工，园一旦荒废，便复为农田，从事生产。

今日所谓江南，主要指江浙两省，清代曾包括安徽。在唐、宋，则除江、浙、安徽外，还包括福建、江西、湖南、四川以及更西省份。这一带气候温和，水源充沛，物产丰盛，自然景色亦复优美。晋室南迁，渡江人士促进此区经济、文化昌盛，士夫贵游，陶醉风雅，崇尚清高隐逸

---

* 此文写于1970年，据手稿整理，选自《童寯文集》第一卷，此前未曾发表。

生活，追求自然环境。如吴郡顾辟疆园，至东晋而名噪于时，同郡其他名园，多以好竹佳木著称。陶潜居柴桑，地在九江，田园合一，开荒南野，自称“少无适俗韵，性本爱丘山”。穑稼之余，复营三经，既以济贫，且保吾真，啸傲东皋，园涉成趣。既有“方宅十余亩，草屋八九间，榆柳荫后檐，桃李罗堂前”，还可“采菊东篱下，悠然见南山”，真是初不用意，却是多么得意的借景。文人之园，简率自然到无以复加。庾信小园，只榆柳两三行，梨桃百余树，一寸二寸之鱼，三竿两竿之竹，无馆无台，保持寒素本色。唐白居易更随时因地为园，虽所居一二日，辄覆篑土为台，聚拳石为山，环斗水为池，仍不失南朝文人园遗意，直到明代顾东桥仍以多栽树少造屋相诫。唐都长安，达官贵人于都城附近所建私园渐趋豪华，文人园如王维辋川别业，广阔共20景，配合自然山林，兼有楼台点缀，但这是例外。洛阳则李德裕营平泉庄，牛僧孺置墅多聚奇石。白居易为苏州刺史，首先发现太湖石抽象美，小者列为几桌之玩，大者远运北方，置于庭除或装点园池，挺立秀逸者有如三山五岳，百仞一拳，千里一瞬，导后世假山洞壑之渐。现存江南石假山，大规模者如狮子林，小而精者如环秀山庄，两例皆在苏州并皆完整。

凡历代政治经济中心，例为皇家苑囿与地主官僚文人私家园林聚集之处。南朝建康，宋有乐游苑，齐有新林苑、药洲。唐朝长安、洛阳，北宋开封、洛阳，其太液池、艮岳固无足论矣，而皇族显贵之园池见于史籍诗文者，亦不可胜数。宋室南渡，建都杭州临安，御园之外，著名私家园亭不下40处。而吴兴也是当时园林聚点，南宋有34家，下迄明清各朝，增华兴替，蔚为江南巨观。尽管江南园林极盛时期早已过去，但目前剩余名迹数量仍居全国之冠。

现存江南园林遗产，屡经历代修改，多非原貌。如扬州迷楼肇于隋季，平山堂肇始北宋；苏州沧浪亭与环秀山庄以及嘉兴烟雨楼均始自五代（10世纪），落帆亭建自宋代。狮子林在元末为佛寺，规模较今为小。明代则有徐氏东园（今留园），王氏拙政园等。其他如无锡秦氏寄畅园，上海潘氏豫园，南翔明闵氏园（清改称古猗园）；嘉定明龚氏园，入清为秋霞圃；昆山明春玉园，清为半茧园，皆极负盛名。王世贞记金陵诸园凡三十有七，今只余瞻园、煦园。清初誉极一时之袁枚随园则毁于太平天国之役。

扬州归为隋代东都，炀帝之世，宫苑楼台绚丽，甲于天下，后毁于兵。然其漕运、盐赋之利，千数百年来未曾大减。逮清初康、乾二帝数次南巡，扬州因属必经之地，又为驻跸临幸之所，故公私园林，踵事增华，盛极一时，这又成为江南园林重要中心之一。

造园与绘画同理，经营位置，疏密对比，高下参差，曲折尽致。园林不过是一幅立体图画。每当展开国画山水图卷，但见重峦叠嶂，悬瀑流溪，曲径通桥，疏林掩寺，深柳茅屋，四面敞开，琴书以外，别无长物，这就是文人所追求的生活境界，亦即文人园的理想粉本。但实际上，一人在荒野不可能孤独存在，只得退而求其次，谋取在尘嚣中得清净，即所谓城市山林，以聊表对大自然的向往。

园之四周围绕以墙垣或建筑物，使与外界隔绝，园内各部有时也用墙或建筑划分；江南多白粉墙，饰以漏窗。建筑物主体为厅堂，辅以亭、阁、廊、榭。池边石舫，俗称旱船，侧有短桥通岸；亭或变化最多，由一柱、三角、多边以至十字、套方、套圆、扇形、梅花等，通例开敞，不设门窗，高大者每构重檐。亭踞山巅，或置水际，外观与结构皆可由简单到复杂，材料亦可用木、竹或茅草，成为最随意、最有趣的园林点缀。

园林中匾联题咏，例出名人之手，不特形成典雅装饰，也是唤起游者逸兴引发内心共鸣的一种手段。

江南气候土壤最适合花木生长，苏州园林可称集植物之大成，最著称者如拙政园山茶及文衡山手植藤，扬州则以莳花而闻名远近。清初……[①]

① 以下缺失。

江南园林（二）*

江南泛指长江以南，但历代含义颇不相同。现今的江南大约指苏南、浙江一带。

发展概况 江南气候温和，水量充沛，物产丰盛，自然景色优美。晋室南迁后，渡江中原人士促进了江南地区经济和文化的发展，为园林的营建创造了条件。东晋士大夫崇尚清高，景慕自然，或在城市建造宅园，或在乡野经营园圃。前者如士族顾辟疆营园于吴郡（今苏州），后者如诗人陶渊明辟三径于柴桑（今九江附近）。皇家苑囿则追求豪华富丽。建康（今南京）为六朝都城，宋有乐游苑，齐有新林苑。唐诗人白居易任苏州刺史时，首次发现太湖石的抽象美，用于装点园

---

* 本文是为《中国大百科全书》建筑·园林·城市规划卷写的条目，1988年5月中国大百科全书出版社出版。原文署名为童寯、郭湖生二人。

地，导后世假山洞壑之渐。南宋偏安江左，在江南地区营造了不少园林，临安、吴兴是当时园林的集聚点，蔚为江南巨观（见吴兴园林）。明清时代，江南园林续有发展，尤以苏州、扬州两地为盛。尽管江南园林极盛时期早已过去，目前剩余名迹数量仍居全国之冠，其中颇多为太平天国战争之后以迄清末所建。早期园林遗产，如扬州平山堂肇始于北宋；苏州沧浪亭和嘉兴烟雨楼均始建自五代；嘉兴落帆亭始建自宋代，易代修改，已失原貌；苏州留园和拙政园、无锡寄畅园、上海豫园、南翔明闵氏园（清代改称古猗园）、嘉定明龚氏园（清为秋霞圃）、昆山明春玉园（清为半茧园）均建于明代，规模尚在。目前，江南园林以苏州保存较好（见苏州名园），扬州也有相当数量的园林遗留至今（见扬州名园）。其他各地较著名的有：

南京　旧日诸园如愚园、颐园、商园均已无存。瞻园在60年代经建筑学家刘敦桢擘画经营，面目一新。煦园亦经修葺，恢复旧观。

无锡　寄畅园风采不减，仍为江南名园。梅园、蠡园则是近代作品。

常熟　以燕园最著，有清乾隆时叠山名手戈裕良所作湖石和黄石两山。壶隐园、虚霩居、水吾园等，已失原状。

上海　豫园在上海南市，园中黄石山相传出自明代叠山名匠张南垣之手，结构奇伟。又有玉玲珑石为江南名峰之一，传为花石纲遗物。上海南翔的古猗园，在抗日战争中大部被毁，现已修复，规模胜昔。嘉定秋霞圃，以山石胜，近已修葺一新。青浦曲水园，松江醉白池均存旧迹。

杭州　旧日私园多湮没，唯存湖西数庄，如郭庄（汾阳别墅）、高庄（红栎山庄）、刘庄（水竹居），但已改观，孤山的文澜阁和西泠印社也是西湖中的小园，均别具一格。

吴兴　南宋时园林极盛，现仅存清末南浔小莲庄等小私园数处。城中潜园、适园、宜园等均已无存。

嘉兴　烟雨楼始建于五代，在南湖湖心。烟雨拂渚，隐约朦胧中，景色最佳。城北杉青园有落帆亭，建自宋代，近已湮没。

特点　江南园林有3个显著特点：

第一，叠石理水。江南水乡，以水景擅长，水石相映，构成园林主景。太湖产奇石，玲珑多姿，植立庭中，可供赏玩。宋徽宗营艮岳，设花石纲专供搬运太湖石峰，散落遗物尚有存者，如上海豫园玉玲珑，杭州植物园绉云峰，苏州瑞云峰。又发展叠石为山，除太湖石外，并用黄石、宣石等。明清两代，叠石名家辈出，如周秉忠、计成、张南垣、石涛、戈裕良等，活动于江南地区，对园林艺术贡献甚大。今存者，扬州片石山房假山，传出石涛手。戈裕良所叠山，以苏州环秀山庄假山为代表，今尚完好。常熟燕园黄石湖石假山经修理已失旧观。

第二，花木种类众多，布局有法。江南气候土壤适合花木生长。苏州园林堪称集植物之大成，且多奇花珍木，如拙政园中的山茶和明画家文徵明手植藤。扬州历来以莳花而闻名。清初扬州芍药甲天下，新种奇品迭出，号称花瑞。江南园林得天独厚和园艺匠师精心培育，因此四季有花不断。

江南园林按中国园林的传统，虽以自然为宗，绝非丛莽一片，漫无章法。其安排原则大体如下：树高大乔木以荫蔽烈日，植古朴或秀丽树形树姿（如虬松、柔柳）以供欣赏，再辅以花、果、叶的颜色和香味（如丹桂、红枫、金橘、蜡梅、秋菊等）。江南多竹，品类亦繁，终年翠绿以为园林衬色，或多植蔓草、藤萝，以增加山林野趣。也有赏其声音的，如雨中荷叶、芭蕉，枝头鸟啭、蝉鸣等。

第三，建筑风格淡雅、朴素。江南园林沿文人园轨辙，以淡雅相尚，布局自由，建筑朴素，厅堂随宜安排，结构不拘定式，亭榭廊槛，宛转其间，一反宫殿、庙堂、住宅之拘泥对称，而以清新洒脱见称。这种文人园风格，后来为衙署、寺庙、会馆、书院所附庭园，乃至皇家苑囿所取法。宋徽宗的艮岳、苑囿中建筑皆仿江浙白屋，不施五彩。清初营建北京的三山五园（见圆明园）和热河的避暑山庄，有意仿效江南园林意境。如清漪园的谐趣园仿寄畅园，圆明园的四宜书屋仿海宁安澜园，避暑山庄的小金山、烟雨楼都是以江南园林建筑为范本。这些足以说明以蕴含诗情画意的文人园为特色的江南园林，已成为宋以后中国园林的主流，北方士大夫营第建园，也往往延请江浙名师为之擘画主持。

苏州园林*

集中国造园艺术特征于一体

欣赏一卷中国画时，几乎无人会问，如此巨大的人能否屈身钻入此等小小棚屋，或者一条弯曲小径，几块跨越湍流的薄木板，其憩于驴背的隐士能否安全抵达对岸。对中国画而言，在领悟其美感愉悦前，必须接受这些看来是反常的规则。这种玄虚的做法，同样适于中国园林，唯中国园林实乃三维的中国画。

到苏州或任何地方的中国园林游览的人，入园之后在尚未徜徉许久之前应当停顿一下（犹豫是明智的，因为他所从事的无异于一次冒险），投一瞥于无法形容的空间和体量，并把全

---

* 此文系作者1978年2月为刘敦桢教授著《苏州古典园林》所写英文序。——童明注，李大夏译，汪坦校

景投合于一个平面，他会惊叹于该园林设计与一幅绘画何其相似。在此人眼前，是一幅并非用画笔，而是用树木、溪水和垂柳等构成的图面。它无疑会使人想起中国画报稔熟程式——同样的曲径、危桥，同样的石窟、洞门。游人会就此十分满足，并转身离去，把未曾得见的景色留待他日再事发现，再次为之嗟讶。因此，昔日中国园林主人极少住于园中，只是偶一访之。保持一定距离是值得的，这能赋予魅力。

苏州园林与中国其他地方的传统园林并无不同，主要由于历史背景，质量高，数量多，遂使苏州园林位居榜首。最早可追溯到4世纪，苏州城因顾辟疆设园于斯而得盛名，11世纪后，该园确切地址已无以寻考。此园乃江南第一知名私家园林。现存最早园林始建10世纪。由于一再更迭，凡园史越久远者，则与原园相类处越少，今日诸多苏州园林始建清代，一般为19世纪后半叶。作为优秀工匠的中心，苏州城为其精美砖瓦、木作而自豪。运河和驿道功在交通，并为文化活动、农业生产和物资交易打下基础，促成了经济繁荣。温和气候有助于园艺，丰足水源更为增益。为如此有利条件所引导，聚落于苏州的有地有财之户，构成了有闲阶级的主体。为了他们的消遣，园丁、诗人和画家倾注其才智于构思、营造与栽培，因而园墅大兴。条件相类的其他城市亦园林迭起，但在数量上不能与苏州相匹敌。

老派评论者认为只有优秀画家能设计优秀庭园。顺便指出，18世纪英国的威廉·申斯通[①]重复了这一信条，他断言风景画家乃园林最佳设计者。唐代诗人、画家王维可称是最理想的身兼二任者，他设计了供其本人消磨退隐生涯的园林。有位学者概括王维的才华："诗中有画，画中有诗。"勒内·德·吉拉丹（René de Girardine）有"诗人的感觉，画家的眼睛"。而王维比他早10个世纪理所当然地获得了这样的颂词。绘画与造园的关系正如画家和造园者之间的关系一样密切，故而二者总是形迹相连。若是亚历山大教皇宣称"一切园事皆是绘事"，他就出于无心地把"画布造园家"肯特[②]和一身而兼为画家、园艺家和园主的王维相提并论了。王维在描绘其园林景色时，为后人留下了若干幅无与伦比的绘画，这些画从此成为所有文人园林的启迪和楷模。从这些画，人们相信王维的园林和他的绘画一样难以仿效，一样的出类拔萃。托马斯·惠特里（Thomas Whateley）走得更远，甚至坚持武断主

① 威廉·申斯通（William Shenstone，1714—1763），英国诗人，业余园艺家和收藏家，力荐风景园艺。——童明注

② 肯特（William Kent，1685—1748），英国画家和建筑家，他设计花园崇尚自由、自然。——童明注

见，认为：“风景园比风景画更高超！”

昔日中国，每个园主都力图模仿文人园林。富家与暴发户每每将他们的市墅乡居频事修葺，以竭力使之有文人气息，美轮美奂。若不是因为富有而是因文化情趣而得到好评，他们就深感受宠。此类园林，作为一种“惹人注目的浪费”，除了为主人在其城市山林（Rus in Urbe）里提供一个逃避世俗烦恼和日竞月逐的场所外，也能很好地提高主人在文人骚客中及乐于无所事事者之间的地位。甚至帝王，虽然威势显赫、十分高贵，有时也企求逃离其城市宫室到某一皇家园囿中去过乡村士绅的生活，在那里，将自己想象为王维，或其他诗人、画家或隐士，难以抵拒这种屈尊以求名雅（a nom de plume）的诱惑。但在17世纪法国却有一个奇特的对比。“最伟大的君主”将凡尔赛当成专事最精美的游宴和欢娱的场所，而不是退隐和静修之处。与凡尔赛的宏大规模相比，世界上所有其他宫廷园囿肯定显得仄小。路易十四好像也不因其逃遁乡间受过谴责。而中国园林正好相反，无论皇室、私家，肩摩踵接不仅是不合适，也是不可能的。其亲切感视车水马龙般喧闹为大碍，也不适宜大量人众入园。

要找一座没有建筑的园林实在属不寻常。棚架或凉亭无疑是基本和无所不在的。这种玩具般的建筑物甚至单柱而立，或以三角形、圆形、任意多边形、连方、锁圆或十字等为平面形式。其屋顶有攒尖顶、多个攒尖形式以及坡顶组合。尺度较大的、有柱子并较高的厅堂，占园中主要地位，是所有园林布局的特点所在。该厅常常四周敞开，设以可装卸的精致装拆。大厅有升高的平台或宽广的铺地。书斋则最好占据隐蔽地点。园林建筑之另一形式是有屋盖的游廊，这种柱廊主要用于连接建筑或设于院落之间，因其通透不隔，起着既分又连的作用。但在要求完全分隔开的院落之间，则仅设墙以围堵，墙上按等距以漏窗装饰。若是游廊在水上，则成为有屋盖的廊桥。某些长廊做成曲折或波浪形式，若是建在丘阜之上，则其地坪按地形变化或是成坡，或是成阶。园林建筑也起到构成对景或景观中心的作用，尤其是当被花卉、树木或其他装饰所美化时，更是如此。但一种缺憾绝不容忽视：过多的建筑物，加上杂乱的布局会导致一种幽闭感。

除了石舫和水榭外，园林建筑还有一种十分有意思而又富寓艺术情趣的成分——墙上漏窗。

墙是园林不可或缺的，既在园周为界也作内院分隔。园墙并非如平常墙壁那种一片平实成直角的功能性砌筑结构，它既可平面为曲线，也可在墙顶部作起伏，甚至两者兼之。墙上开以各种形状自由曲线或几何形的窗洞，与摩尔人花园中的格子孔（Claires–voies）相仿。透过数不胜数的窗洞，人们可获取邻院景色一隅或框景一幅。墙也常与游廊、亭子，甚至假山合为一体，使人不感到墙是一种屏障。白粉墙上可映印日光下的竹影，或作为奇石怪树的背景。

除了建筑和植物这两个园林中常见要素外，还有第三个要素——假山。奇山怪石，半自然半人工，于中国园林有特殊含义，起着由人工向自然过渡的作用，也是世界上最独特的园林一艺。但是，与西塞罗[①]在他的《罗马别墅》中所书写的以东方眼光所评价和描述的园中巨砾相比，绝无相像之处。与托马斯·惠特里[②]在18世纪英国风景园中做装点用的石头亦不同。当然，位于萨里[③]的某些石灰石拱和窟，可为例外。大多数山石远途运来，有时远达数百英里。最昂贵品种之一应数采自深水的"湖石"，此湖距苏州不远，故该城有大量"湖石"，由于石源丰足，使苏州的造园作业要较为方便而经济。湖石的动人姿态更增苏州园林盛名。一座石假山可为一院甚或全园的主

① 西塞罗（Marcus Tullius Cicerro，前106—前43），罗马政治家、律师、作家。——童明注

② 托马斯·惠特里（Thomas Whateley），英国建筑师。——童明注

③ 萨里（Surrey），英国英格兰南部一郡，有两条山岭，分别为白垩陵和绿色砂岩带。——童明注

题。山石之形以瘦、漏、奇者为上。当代雕塑家摩尔[①]和野口勇[②]的作品与之惊人相似，形态抽象、虚实互补。可以单石装点，有时如欧洲园中雕像一般置于台座之上；或可多片叠合以形成洞穴、隧道和峰岳。有些假山，石工浩大，成为园中主题，占以巨大地亩。扬州历史名园万石园假山即为一例，另一名例为苏州狮子林。

往日，山石行家在中国印行过不少石谱。作为一件有价值的文献，美国加州大学伯克利分校于1961年重印了11世纪的杜绾《云林石谱》。该谱由高手绘制、刻版，并配以名人评述，意在用图形记表各地名石的画。古代有文人对名石"品格"之癖爱，使人误认其近似疯癫。在安东尼[③]的答话中由于否认石头的智慧和感受能力，莎士比亚也许不幸地犯有错误？应当承认，古代爱石之徒或是有出色的幽默感，或是真诚地相信一块顽石象征着一座大山。并非所有园林皆具有前述三要素。或大或小的水系也可成为园林主景。一汪荷池，或湖水小

---

① 摩尔（Henry Moore，1898—1986），英国著名雕刻家，主张把自然形式和节奏原则应用于创作中，曾获英国最高级勋章。——童明注

② 野口勇（Isamu Noguchi，1904—1988），美国雕刻家和设计家，早年在日本度过，热衷抽象雕刻，作品带有古代艺术风格和神秘感。——童明注

③《安东尼和克莉奥佩特拉》（*Antony and Cleopatra*）为莎士比亚所著以爱情和政治抱负冲突为题材的悲剧。——童明注

屿系舟一叶，常常引人入胜，尤其是有鸳鸯浮游其上。湖岸可为土质、石质、毛石叠砌或点以散石。按中国造园家说法，仅有水、花、树木不成佳园，有些园林根本无水，某些园仅以石而知名。欧洲花园以勒诺特尔为传统，草木青翠为园林首要因素，若是不加修剪，任其蔓生则不免丛杂。中国园林则审慎地选用树木，与在绘画中一样，意在摒去其他部分，既无剪齐玫瑰、绿色草坪，也不修砌方整树篱、涌泻喷泉。这些西方几何式做法，完全对称方式配置，只能令人绝望地祈求月中人仔细品评。

然而中国园林也有令西方人感到荒诞不经之处。谁能相信亭子的二层经常是不可登临的？能找到一架可用的梯子就算好运气。狭窄逶迤的步道，两点间距离极大。溜滑而几乎壁立的石山，如此险峻，令攀缘者畏葸。蜿蜒水流从低矮曲桥下流过。而桥的功用，十分奇特，似乎在引人接近水面以被浸淹，而不是越水而过。简直乱了套！喜欢意大利园墅那纪念碑式壮观的人，欣赏英国式花园质朴怡然的人，对这些缺点和不合理不禁感到困惑。

但是，所有这些出乎意料的手法源出自思想上的不同学派，为古代中国哲学完全相容。如果说笔直的人行道、漫长的林荫路、充分平衡的花坛等来自西方的数学思维，那么古代中国哲学家正是要摆脱此种几何式僵硬的刻板秩序。在其园林中，曲线和有意识的不规则，即所谓“斜入歪及”（“Sharawadgi”）乃其设计特点。空间布局将视界限于某个如画院落，一个大型园林可有许多此类院落（与格拉纳达的阿尔罕布拉王宫何其相似！），扑朔迷离这一主旨被发挥得淋漓尽致，游人的迷宫之行也经常偏离正路，但是无须介意，漫游不比直达更有趣吗？对于极端的颓废派艺术家而言，迟到的愉快反而令人倍感欢快，没有一所园林应该从任何一点一瞥而全收园景。此外，还应注意开放与封闭空间的对比，明与暗的对比，高低洞口的对比，大小平面、大小体量的对比。为了获取形形色色的对景和各种各样观赏中心，不仅小径幽曲，而且地面标高也常做不规则变化，因而一时的视线只能限于一个局部。欧洲园林则与之不同，其开敞布局使景物一览无余，令人感到厌怠。为此，不得不以迷宫和曲径来满足好奇心理和不可捉摸感，为弥补直线式的单调，凡尔赛的绿丛中也点缀着小小的隐秘花园。

中国园林实际上正是一座诳人的花园，是一处真实的梦幻佳境，一个小的假想世界。如果一位东方哲人并不为不能进入画中的一亭一山而烦恼的话，那么无疑地他也得认为这一点是他的花园中所绝对必要的。日本古代园林中没有任何小径，这于现代思维而言完全不可思议。观赏者从廊中远距离观赏景色即大为满意。尽管在人们想象中的视野里来默认这种没有路径的园林是很难的，但却更难设想如果业主要求建一座不得采用植物和水体的花园，将会令今日西方的风景建筑师何等地惶惑！可是日本造园师的确具有构筑“枯山水”的才智，能只用砂、青苔和几块石头造园。著名的京都龙安寺即为佐证。中国造园设计原则之一是小中见大、实中有虚。由此，凭借中国传入的佛教学说而产生了日本的“枯山水”。这一禅宗教义与布莱克的信念相吻合——由一砂可见世界，由一野花可见天堂。类似的东方观点促成1842年到中国采集植物标本的罗伯特·福琼[①]指出，要懂得中国园林风格，就必须懂得那种使小的事物显得巨大，使大的事物显得微小的本领。宇宙毕竟是如此广袤，故而不论园林多么大，充其量只能是模仿自然的缩微。这一点塞缪尔·约翰逊[②]的话“略知一二即佳”表达了极大的洞察力，因此由于不能容忍曲解，约翰逊博士也许本来不乐意看到那些对中国而言纯属外来的东西，他把修剪的灌木，剪成鸟

---

① 罗伯特·福琼（Robert Fortune，1812—1880），英国植物学家、植物收藏家，曾来中国收集植物。——童明注

② 塞缪尔·约翰逊（Samuel Johnson，1709—1784），英国诗人及评论家，谈吐机智，妙语雄辩。——童明注

形、兽形的树丛和黄杨，称之为自然的“二手货”。中国园林的入口也不显眼，做得平平常常，游人无须冠冕堂皇地进入，而欧洲园墅大门则常常被修饰得堂而皇之，致使东方游客在离园时，也许会怀疑他是否正回归到自然中来。

毫无疑问，昔日中国对植物漠然处置，选用某些植物以观叶，某些为赏果，某些为了盛花和幽香，某些则为遮阴，甚或用攀缘的青藤以覆盖光秃的墙面。花卉受到宠爱，竹子则处处皆受颂赞，也为绘画题材，老树的价值在其古老端庄。倘若园林只是像一座植物园，则不能称其为中国园林。还是那位博学的约翰逊曾教条地与鲍斯韦尔[①]争辩：“不是所有的花园都是植物园吧？”这了不起的辞典编辑者的话，若其英语词义属于不可更改之列，但在中文中“植物”一词则还涉及草药，只与药剂师和病弱者有关。显然，他的好朋友威廉·钱伯斯爵士尽管见到过中国园林，也十分赞赏，但却忽略了将这一东方艺术的根本特征介绍给他。树木和花卉在中国古典园林中有其位置和用途，有时甚至占有重要的地位。12世纪的洛阳牡丹、18世纪的扬州芍药，均负盛名，并使园林增辉长盛不衰。即使

① 鲍斯韦尔（James Boswell，1740—1795），英国传记作家，生于贵族家庭。幽默、怪僻，《科西嘉岛纪实》为其成名作，与约翰逊友善。——童明注

今日，拙政园中名贵山茶花也令苏州城为之自豪。在这些园林中，除花境外，还有建筑和其他，而精选的花木要看上去平常而不事炫耀，但是英国风景园就走得太远了。当兰斯洛特·布朗[1]有机会来“改进”英国风景园林时，他居然“有本事”完全罢黜了各种花卉。

往日花园建成之后，建筑与其他人工物很快就显得成熟得体，但许多植物却远未长成，待到树木长到苍劲潇洒时，建筑物又近于失修了。自然，山石更要待以时日。东方哲人自会泰然地对待这类人世浮沉。他的超然是可以理解的，因为他间隔日久才一观其园，正像欣赏他那稀世珍宝的古画收藏一般。两者都有待时机，年代越久越珍贵。

园可建于坡上。这一方面，中国造园者与意大利层叠台地园设计者在才智上一样了不起。中国人在台地下设幽室，其上可供植树或散步。每层各自成院，幽隐不减。更为高明者则借高度之利以俯览相邻的较低的花园，或远眺四郊佛寺、浮屠等，这就是“借景”。结果，园林景色范围似乎扩大了几倍，设计人只要有机会就频频采用这一喜爱的手法，这一手

---

① 兰斯洛特·布朗（Lancelot Brown，1716—1783），英国著名园林设计师，长于自然式设计，不用凿过的石料等人工物，仅用地坪和草地并栽植物。——童明注

法，使人回想起由波波利花园远望布鲁内莱斯基[1]圆穹顶的动人景色，回想起站在美第奇别墅层台的喷泉后面，远望圣·彼得大教堂。

中国园林又一独特之处是它与文学领域的密切关系。园林中建筑无不挂有知名诗人、学者所题匾额或楹联。这些题咏文字、书法都要有很高水平，常见于厅内、亭中或园门上，屋舍每每命以独特而适宜的名称。18世纪英国有类似做法，诗人兼造园家威廉·申斯通将一块“Leasowes”（野牧草场）的牌匾设于其别墅，刻上与风景相宜的表意文辞。作为浪漫主义运动的领袖人物，他的影响令后继者把风景园搞到了“每个华而不实的建筑都得了个名字”的程度。可以理解，题咏激发了游人的文学思绪，把视觉艺术与哲学上的超脱融为一体。如果园林寓意更胜于绘画，的确富有诗意，那么这些装饰性的题咏正是为提高诗意目的而服务的。

室内外的家具，在园林装饰中可忝列末位，但并非无足轻重。为了装饰，通常在天棚下挂着灯笼，墙上镶嵌石刻，有时这儿那儿布置一些盆景。只有完美的判断力加上高尚的审美情

---

① 布鲁内莱斯基（Filippo Brunelleschi，1377—1446），意大利文艺复兴初期建筑师，长于雕塑，作品精细、优美，最大成就是解决佛罗伦萨大教堂建造穹顶的技术，善于以类雕塑手法塑造空间。——童明注

趣才能做到精慎的选择配置以及恰当的处理。

从前述某些段落，我们已经看到了传统中国园林与18世纪英国风景园之间的某些相似之处。如果说模仿是最真诚恭维的话，那么英国浪漫主义学派不论是无意识地还是有目的地效仿中国实例，可说是对中国最高的赞美。

30多年前，两位有名的纽约建筑师到达上海开始其中国之行：埃利·贾基斯·康[1]于1935年间；一年后，克拉伦斯·斯坦[2]偕其妻子，名演员艾琳·麦克马洪，他们旅程表上最重要的内容是苏州园林。我以极为愉快的心情时或与他们做伴。请相信我，十分令人惊讶的是，我还不曾一一介绍，他们即已对中国园林艺术的美学特色十分激动。每次游园都是正当紫藤盛花时节。每天都是完美的，令人快慰。

自威廉·钱伯斯以来，许多爱好中国园林的外国人曾为此写过书。举一两件近时的例子就足够了。奥斯瓦尔德·喜龙仁（Osvald Sirén）的《中国园庭》（*Gardens of China*）出版于1927年，主要涉及他在北方所见园林。台伯特·哈姆林（Talbot

---

① 埃利·贾基斯·康（Ely Jacques Kahn，1884—1972），美国高层建筑设计权威，作者20世纪20年代留美期间，曾在其事务所工作。——童明注

② 克拉伦斯·斯坦（Clarence Stein），美国建筑规划专家，曾首先采用邻里单位做法。——童明注

Hamlin）在《二十世纪建筑的形式与功能》（*Forms and Functions of Twentieth Century Architecture*）一书中有一节为“园林与建筑物”。在这一节里，人们看到两座苏州园林的平面，以及曲径、各种景观、各季变化景色，神秘感和高潮——中国园林那如梦似画的精致特色。

中国园林与任何其他地方的园林一样，是真正和平的艺术。劫掠、战祸和自然界侵蚀乃主要破坏力量。即使和平岁月，败落的或是不负责任的园主会很容易漠视自己园林直至颓败。而在武装冲突中，很少园林可幸免于摧毁、湮灭。新中国成立以后，人民共和国所做的重建和重修工作，在极大程度上有助于这一伟大艺术的复苏。修复工作主要在苏州，当地有知名和不甚知名的古园林，大大小小数量逾百，使该城在园林艺术上有任何其他地方无与伦比的特殊地位。

不可忘记，除了暴力侵扰外，也有微妙的和平的力量，促使人们忽视已处于危险状态中的古典园林的生机。这也就是正在迅速成为当代中国时尚的西方风景建筑学。中国古典园林，正如中国画和其他传统艺术一样，若是任其沉沦，则有面临湮没无闻而成为考古遗迹的危险。若是没有及时采取措施加以挽救，许多名园也许已成为乌有王国了。人民政府的领导们以巨大努力使公众重新具有欣赏传统园林艺术并对其重新估价的兴趣。我们看到并研究了这朵古老文化的娇弱易谢之花的人，有责任为了子孙后代，为了全世界，对那些值得保护和欣赏的园林，做出公正而恰当的评价。《苏州古典园林》作为一部文献，正是为此目的所做的努力。此书最初由我院建筑系刘敦桢教授（1897—1968）在中国建筑理论与历史研究室同人辅助下成稿于1956年。随后10年中，他们继续考察每一所苏州园林，收集有关材料并不断补充修改。1973年，以原有平面图、照片和图稿的文献为基础，建筑系历史教研组同人编成此书。

感谢克里斯托弗·滕纳德（Christopher Tunnard）教授。他的《现代风景中的园林》一书，我认为最具参考价值。

《苏州古典园林》序*

中国古典园林精华萃于江南，重点则在苏州，大小园墅数量之多，艺术造诣之精，乃今天世界上任何地区所少见。江南最早私园为东晋苏州顾辟疆园。由于苏州具有经济、文化、自然等优越条件，因而园林得以发展。在长期封建社会中，苏州园林迭有兴废，至全国解放后，始为广为维修，累代名园遂又复重丽。

作为历史珍贵遗产，中国古典园林有其世界地位，这是学者们所公认的。影响所及，不但达到朝鲜、日本，而且还远及18世纪的欧洲，被称为造园史上的渊源之一。

日本、英国造园艺术受中国之影响，鲜见于我国典籍，多

---

* 本文系童寯执笔为刘敦桢《苏州古典园林》一书写的序，该书于1979年10月由中国建筑工业出版社出版。原文署名为杨廷宝、童寯二人。

系来自外国例证。而我国旧日对名园别墅，仅属孤芳自赏，从未广泛称颂传播，以致不如日本京都庭院之为人所熟知。

6世纪，随着佛教传入日本，带去中国文化。我国造园艺术也被苏我马子（Soga no Umako，？—626）引进日本，用池中筑岛，仿中土海上神仙，创日本典型庭园之始。后又从南宋学到禅宗缀茗，打下茶道茶庭枯山水基础，达日本庭园全盛时期。明末计成所著《园冶》流入日本，抄本题为《夺天工》。稍后，朱舜水到日本，复带去江南园林风格。今东京后乐园，仍存朱氏遗规。日本庭园建筑物，配景标题与园名，都用古典汉语，完全透露中国影响。

欧洲最早对中国园林的了解，始自来华耶稣会教士的著作与信函。清初教士李明著《中国现势新志》，提及园林池馆山石洞窟。越半世纪，钱伯斯到广州，除游览商人园墅，可能还看过文人园，返英著《东方园论》，予中国园林以高度评价。从17世纪末开始，英国对规则式园林已感单调而生厌，认为山林怪石，流溪断涧，野穴苍岩，较欧洲古典方蹊直径更活泼而自然，东方风景园随之发展，到18世纪达全盛时期。不久，又移植欧陆，法国出现“英华园庭”一词，仅巴黎一区，即有中国式风景园20所，可见中国园林艺术对西方造园影响之一斑。

旧时代，虽有文人记述名园，却少品评园林艺术创作。对苏州古典园林做系统的学术研究，始自解放后我院刘敦桢教授领导的中国建筑研究室与建筑历史教研组。早在30年前，他就是研究园林艺术的少数人之一。60年代，他负责修建南京瞻园。在他指导下，工人于园南叠成湖石水旱假山；又规划南墙临街入口一段院落，意境入画，是他引导研究室成员在造园方面，理论联系实际的成就。本书是在他主持下，多年研究的结晶，对我国园林艺术精极剖析，所论虽仅及苏州诸园，然实中国历代造园史之总结。存稿此次经建筑史教研组整理付印，对今后造园当有参考借鉴意义。

1978年8月

满洲园 *

避开大城市喧闹的一种美妙方式是游赏苏州——一座以女性媚人和园林众多而享盛名的城市。必须承认，那儿传奇般的女性美至今犹存。至于园林，对其中十几个最著名的，我几乎熟悉它们的每块石头。

拙政园或称“满洲园”，特别使我着迷，提及这名字对我就像一种神灵的召唤，在其宁谧的怀抱中悠闲地待上几个时辰，便是我的完美度假方式。我能无数次回到那里而毫不感到乏味，并非它每天能散发新的魅力。岁月磨砺的醇美和超脱沉浮后的安详，使这块迷人土地具有一种独特的宁静象征。

在苏州，从阅历而非年代上说，满洲园是座古老的园林。

---

* 此文依据作者1937年英文残稿整理，选自晏隆余编《童寯文选》，1993年11月东南大学出版社出版。方拥译，汪坦校。

历史较早的是自宋以来多次重建的环秀山庄和沧浪亭。即使离拙政园两街以外的狮子林，也早于1342年开始营建。但是，哪座园林都没有像满洲园那样持续纷繁的历史记载。

16世纪初，拙政园在元代大宏寺旧址上始建。大宏寺地处城东北，本为以胆识著称的唐代学者陆龟蒙私宅。王敬止（后得创建者美名）经营之初，屋宇稀疏而水面汪洋。因此最终形成的水池由楼台亭阁环绕而成为观赏中心。美树丛中，柳竹桃梅新植，荷叶覆盖池面，玫瑰点缀幽径。全园观赏点31处，均为匠心独具的杰作。

这就是文徵明当年所见壮观。1533年，这位多才艺术家为每景绘成一幅绝妙的图画，每幅均以隽秀书法题诗评论。他还另以长文描述，其作用与其说是描述现状，不如说是在激发我们的想象。[①]在一个虽与现有园林相隔却又便于沿街进入的庭院中，他更留下一份有形的遗产——手植藤。

追溯拙政园名称，“园”即园林，“拙”意为笨拙，“政”指政治才能，总称就是“笨拙官员的园林”。这一妙语出自晋时英俊而多才的仕人潘岳，在受朝廷贬谪后，他静心经营自家庄园，甘充园丁。他的仰慕者王敬止，既耽于园丁逸趣，又从

① 文徵明绘画复本得之中华书局。

自嘲中获得快慰。

可是，善理家业的王敬止却有一位赌徒后代，传说，后者于一夜间输掉整座园林。胜赌者徐氏据园至清初，尔后官吏陈之遴得之，赏玩未尽，被清军据为官有，旋改为地方卫戍司令部，嗣为吴三桂婿王永康所居。吴三桂失宠而死，园沦为官产。1679年改为苏、松、常道署。不久该署关闭，园复为私产。

一切事变均于百年之内。易主频频，致使该园未能得到宅主的适当玩赏。更糟的是它未能获得应有的爱护。颓极之际，富宦蒋诵先购得，他即行修整，1742年前后完工，重新取名为“复园”，意为复兴。这是该园黄金时代，学者、诗人……[1]

---

① 后面文稿缺失。

石与叠山*

我国古代统治阶级有佩玉习惯，并用以殉葬。玉被认为最可宝贵物资之一。故云："小人无罪，怀璧其罪。"战国时代，和氏璧价值连城，蔺相如"完璧归赵"，赢得弱国外交胜利，历史传为美谈。但玉之采琢磨均甚繁难，不得已而求其次，于是用石。"美石次玉"，石之美者曰珉，似玉而非玉。玉、石皆具有"坚贞如一"品德，而石之开采加工，又远较玉为简便，因之用途逐渐推广。最初应用于石刻文字，"寿之贞珉"，以图长久保存。如今日北京国子监篆刻石鼓（图1），传为周宣王时（公元前9世纪）所遗。汉唐以后，不止一次镌刻石经；汉更有孝山堂武梁祠画像石（图2）。

---

* 此文写于1965年，据手稿整理，选自《童寯文集》第一卷，此前未曾发表。文内插图为编者选配。

图1　石鼓文

图2　武梁祠画像石

书法乃吾国独有艺术之一，亦全靠石刻流传，王羲之《兰亭序》，虽真迹早已无踪，仍可由石刻拓本窥见原来面目。他如“功绩勒于金石”，歌功颂德之庙碑墓志，更数见不鲜。在旧时文艺活动中，微至图章砚瓦，亦须仰给于石。作为建筑材料，石亦起耐久和装饰作用。无数石桥、石塔、石幢、华表、牌坊，经过长远年代，赖以保存。佛教更有石窟千佛崖。至于宫殿衙署，置石台、石阶、石栏杆及大门处左右石狮，墓道设翁仲等，在古典建筑中，亦甚普遍。以上皆以石作为原料，经过加工，再对人类文化建设起一部分作用之范例[1]。

除实用价值外，自然山石之形体，又具高度纯艺术价值。吾国旧时文人爱石成癖，远在春秋时代即已开端。阚子：“宋之愚人，得燕石于梧台之东，归而藏之，以为大宝。”其后帝王亦染此习，梁武帝与到溉赌石，溉输，帝取石置于御园；陈主且封石为三品。二事俱见南史，足征顽石已被赋予经济价值与社会地位。唯由于趣味不同，其石被认为弃物，他人视如珍宝，殊无绝对品评标准。白乐天首先发现太湖石之瑰奇，《旧唐书》载乐天在苏州得太湖石五，置于里第池上。同时，宰相牛僧孺亦为大量太湖石搜集者，乐天并为作《太湖石记》。石在唐画中亦初次出现。韩滉《文苑图》（图3）有石案、石床，孙位《高逸图》（图4）与五代卫贤《高士图》，均在人物中央绘山石，描写高人与“石交”意态。或装饰与实用结合，或起点缀空间作用。宋王晋卿画《烟江叠嶂图》，以状方氏庄之太湖石。范成大作诗咏之云：“波涛投隙漱且啮，岁久缺罅深重重”，说明湖石在水底因波浪撞击而生洞窍，构成其

① 汉朝重视石工，碑刻常不记撰书人姓名而独书石工名字，如武氏祠石阙为石工孟孚、李弟卯造，孙宗雕狮，卫改刻像。至北宋安氏刻元祐党人碑，请求不列石工姓名以表清白，足见已为惯例。埃及尼罗河口发现之ROSETTA及LESSINOTON STONE记载史迹。

图3　韩滉《文苑图》

图4　孙位《高逸图》（局部）

独特风格，与他石迥异，但有时太难辨别。山上所产者名“旱石”，又有赝作弹窝，多年斧痕已尽，或置水中，岁久亦如天成。明末文震亨《长物志》称“吴中所尚假山，皆用此石”。他处山水中亦有因形状相似，被误称为太湖石者。

文人对顽石师友神游，至北宋已无顾忌。米元章呼石为兄，惊而下拜，人称为颠。元章相石曰瘦、曰秀、曰皱、曰透；皱者波纹密，透者洞窍多，瘦者清癯。东坡曰：“石文而丑。”清初李渔云：“言山石之美者，俱在透、漏、瘦三字；此通于彼，彼通于此，若有路可行，所谓透也；石上有眼，四面玲珑，所谓漏也；壁立当空，孤峙无倚，所谓瘦也。”（《闲情偶寄》）有一奇即可入画，兼数美者，如太湖石之透、漏，英石之瘦、皱，尤为可贵。丑者高突深凹，怪者孤耸倾斜。陈眉公说山石不嫌于拙。明末张岱论石之妙，更加一“痴”字。东坡谓灵璧出石，然多一面；刘氏园中砌台下有一株，独巉然反复可观。一面者不独灵璧石如此，即太湖石亦有正面背面；最著称之苏州瑞云峰（图5），前后两面判然有别，上海豫园香雪堂前玉玲珑（图6）亦复如此。陈眉公所云百方穷态，十面取姿，虽欲求之，仅得仿佛，亦难矣。石画即唐宋诗人所咏之石屏（图7），本河南虢山所产，浙江奉化、安徽无为亦产石屏。至明末而大理石屏

（正面） （背面）

图5　苏州瑞云峰（正面、背面）

图6　豫园玉玲珑

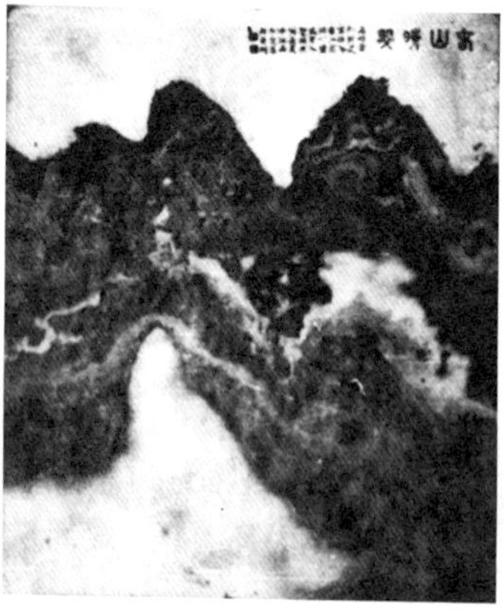

图7　石屏

始渐流入中土。大理石（房山汉白玉俗亦称大理石）产于云南点苍山中，又名榆石，须由山顶下凿数十丈方得石材，雕为盆瓶、插屏或挂屏。大理石之天然石画以象形山水者为最多，因石内所含花纹层层不同[①]，专赖锯断得宜磨出画面。陈眉公《妮古录》称其有如董巨之画；李日华《六研斋二笔》亦云环列大理石屏，有荆关、董巨之想。徐霞客更身至大理，在游记中称其神妙灵异，画苑可废。吴三桂大理石屏高6尺，山水木石浑然天成系沐氏旧物。其他各种山石或高可逾丈，或小仅如拳，大者多用之堆叠假山，小者盆玩制砚，置几案或藏袖中供抚弄摩挲，优游岁月。“不为无益之事，何以遣有涯之生？”其麻醉作用方之鸦片醇酒，殆无多让，乃旧时代人生哲学一种突出表现。

叠山在西汉园林中即已见于记载。梁孝王兔苑之“岩”“岫”，袁广汉园中“构石为山，高十余丈”（俱见《三辅黄图》），已升其端；北魏张伦，造景阳山，规模更大而复杂（《洛阳伽蓝记》）。隋炀帝在扬州作迷楼，“聚巧石为山”。唐代帝王公主造园亦多叠山，懿宗更以帝王而兼山

① 如南京雨花台石子。江苏六合灵岩山产石子有五色花纹，《云林石谱》称为六合石，《素园石谱》称为绮石，贩者肩至南京雨花台渔利，遂称雨花石，雨花台向南亦产玛瑙石子，今则只有平常石子。

匠，“于苑中取石造山有若天成”（《池北偶谈》）。文人园则只用零块石作峰峦，如杜甫序咏假山所云“盖兹数峰，嵚岑婵娟，宛有尘外格致”；或如牛僧孺之“东第南墅，列而置之”；又如白乐天之自称山水病癖，喜“聚拳石为山，环斗水为池”。至宋徽宗则倾竭人力物力，费时六载，在汴京（今开封）经营艮岳，材料由《水浒传》《金瓶梅》所云之花石纲，由东南漕运北来，堆成历史上最著名假山，但不出4年，金兵逼汴，艮岳毁为礅石。吴兴叶氏石林，在卞山之阳，万石环之。乃山中有石隐于土者，皆穿剔使出，久之一山皆玲珑空洞（《癸辛杂识》《五偬志》），或曰，此乃假山之真者，可称为最大天然假山。吴兴又有卫清叔园，假山最大；俞子清园，假山最奇（《癸辛杂识》），不久皆废。元末苏州菩提正宗寺僧惟则好蓄奇石，叠山名狮子林，为现存假山之规模最大者。其他如明初南京徐达中山王府西园（今瞻园）假山，传存花石纲遗石。又如清初戈裕良所叠苏州环秀山庄假山及常熟燕谷，现均存在。北京清初叠山，如李渔之于半亩园，叶洮之于畅春园，张然之于瀛台，今日仍可窥见全貌。自元初藉漕运载石至燕，迄清初而叠石之艺，又随南人北来，在京师公私园林中放一异彩。

为假山者“以其意叠石”，唯画家始能掌其尺度气势，“截溪断谷，补入无痕”。叠山名家张涟（南垣，张然之父），“学画……久之，而悟曰：画之皴涩向背，独不可通之为叠石乎，画之起伏波折，独不可通之为堆土乎”（黄宗羲《撰杖集》）。山水以文人画为极则，最初发现山石之美者亦文人，文人不独酷爱太湖、灵璧、英石、昆石，且于登涉览胜之际，到处搜觅美石，笔之于书。南宋洪焘仲鲁谓天目所产，不减太湖洞庭。（《齐东野语》）明末袁中道在所居公安境内百里，山洞水边，发现有如太湖玲珑奇石之地四五处。（《游居杮录》）张岱记杭州西湖烟霞石屋，巉峭可观，紫阳宫石，玲珑窈窕；雷峰塔及飞来峰下两地皆石薮，无非奇峭；袁宏道称莲花洞玲珑若生，巧喻雕镂。（俱见《西湖梦寻》）即远至陇西岭南，亦不乏叠山石料，唯西南地区如贵州之山，唐李渤《名山志》谓“不入画图”，因之园林少见叠山乃一例外。叠山为吾国独创艺术，自西汉以来，有2000年历史，与诗文绘画发生密切关系，所有名迹，至今仍不失为良好审美对象，乃最可宝贵遗产。

当然，造园叠山之时，剥削阶级为急于享林泉之乐，或强占土地，或远地取石，骚扰豪奇，截舟载运，遂致人怨声浮腾，招致丑诋。如宋初姚坦入益王府曰：“但见血山，安得假山。”五代更有因争一石而相杀者[①]。宋徽宗经营艮岳，扰民尤甚，以致方腊起兵，东南糜烂，随之金兵入汴，北宋以亡。但假山除作为艺术品供人欣赏，如善于利用，亦有其实用价值。如上海豫园之北，在明末为西洋耶稣教士利玛窦寓所中有观星台，邑志载台高不过二三丈，湖石叠成，极玲珑嵌空之致，乾隆间修敬业分院始废（《瀛壖杂志》），耶稣教士可谓为首先发现中国叠山之美而加以利用之西人。今北京中山公园，用假山遮蔽公厕入口（图8），巧思有足多者。南京灵谷寺以叠山作为园林空间过渡（图9A），而英国所仿叠者（图9B）与此难辨，其中西异同，亦颇有趣。

石画、假山、峰石、石笋、石笏皆具抽象美，其功能与石刻文字之传达思想，初无二致。吾国历史上，除列石为谱，如《宣和石谱》《云林石谱》《素园石谱》外，文人更以石自号，与石为伍，以石为友，呼石为兄、为丈，及有拜石揖峰等传说，对石可谓谦礼备至，病入膏肓。又有以石赎罪[②]、赠

---

① 五代时张全义与李延古争醒酒石，全义杀延古。宋郑景望《蒙斋笔谈》引。

② 《萍洲可谈》“刘铱好治宫室，欲购怪石，乃令国中以石赎罪。富人犯法者，航海于二浙，买石输之”。（今广州城内药洲之九曜石，传为当时的遗物。铱后为宋太祖所灭。）

图8　北京中山公园

图9A　南京灵谷寺

图9B　英国某园林凝天岩券门

图10　亨利·摩尔雕塑

友[①]、赠嫁[②]，甚至荒诞不经之叱石成羊[③]、顽石点头[④]、煮石充饥[⑤]、醉石[⑥]、醒石[⑦]，种种神话，亦不过说明陶醉顽石中，已至迷信困惑地步，难以自拔，令人不易理解。至于陆放翁所咏“花能解语翻多事，石不能言最可人”，乃在专制帝王时代，多言得罪，遂欲如顽石无言，与《红楼梦》以顽石作宝玉，借以洗著者胸中芥蒂，用意无殊。

中国造园文艺，于六朝末期由高丽传入日本，掇山变为象征石组成枯山水，具佛教禅宗隐义，与我国假山之玲珑曲折异趣，可称为叠山艺术之一变。中国古代文人所喜之奇巧丑怪石峰，其千态万状与现代西欧抽象雕刻有不谋而合之处（图10）。除纯作装饰陈列外，其中亦有结合实用之例。所不

---

① 绉云峰在今浙江石门福严禅寺，《庸闲斋笔记》载明末吴六奇以石赠查伊璜，后移至今址。（童先生写此文时，绉云峰尚在福严寺，今已移至杭州曲院风荷景区。——编者注）

② 苏州瑞云峰为宋朱勔所致，勔败，弃置荒野，明初陈氏得之，旋为乌程董份所购，后与徐氏联姻，以石赠嫁，见《停雪吟草》，石在旧织造府花园中。

③ 葛洪《神仙传》，晋黄初平叱石成羊。

④《高僧传》晋僧竺道生虎丘聚石讲经，群石为之点头。

⑤《晋书·鲍靓传》。

⑥《庐山记》。

⑦ 即张全义与李延古所争之醒酒石。

同者，材料非必山石，亦可用水泥或金属、塑料；造型非天然，而纯属人工想象，堆其艺术成就，置之海狱庵中或竟如米颠复生。

北京长春园西洋建筑*

中国建筑艺术自从汉魏六朝受佛教影响以后，到唐朝开始受西域影响，元朝又受欧洲影响。欧洲影响最早见于元初（13世纪末）建在北京的耶稣教堂①，再见于明末澳门葡萄牙宗教②与民用建筑，以至清初广州“十三行”③西洋工商业建

---

* 本文原载《建筑师》第2期，1980年1月中国建筑工业出版社出版。

① 罗马教皇尼古拉四世（Nicholas Ⅳ）于1921年派意大利人约翰·孟德·高维奴（Giovanni di Monte Corvino，1247—1328）来中国传教，1299年在北京建教堂一所，有钟楼。1305年又建一堂，“屋宇奂新，红十字架高立房顶”，原址在今东长安街，肇西洋建筑在华出现之始（见张星烺《中西交通史料汇编》第二册，辅仁大学丛书第一种，1928年刊印）。

② 葡萄牙人1586年侵占澳门，1602年筑“三巴”教堂（Igreja Sao Paulo），1835年火灾，现余残壁。原设计人是耶稣会士Carlo Spinola。该教堂是我国现存最古西洋建筑遗迹。

③ 袁枚（1716—1797）于乾隆四十九年（1784年）到广州，有诗咏“十三行”洋楼，见《随园诗话》。沈复（1763—1825）于所著《浮生六记》中，称“十三行结构与洋画同”。

筑；随后就波及园林营造；清初扬州私园厅堂，有的采用西式平面布置并安装玻璃窗[①]。

乾隆初年在北京长春园起造的“西洋楼”建筑群，标志欧洲建筑与造园艺术于18世纪首次引入中国皇居领域。同时，在欧洲如英、法等国也出现中国亭园风格。在相互影响下，东西方交流，欧亚两地鲜花次第盛开，而以长春园的花朵更为圆满灿烂，可惜在两方都优昙一现，成为历史陈迹。

今天，在北京西直门外圆明园东邻长春园遗址最北狭长一条，仍然可以看到清高宗经营的当时曾是完美的西洋建筑群的断垣残壁。几乎200年前，耶稣会法国修士晁俊秀[②]在乾隆

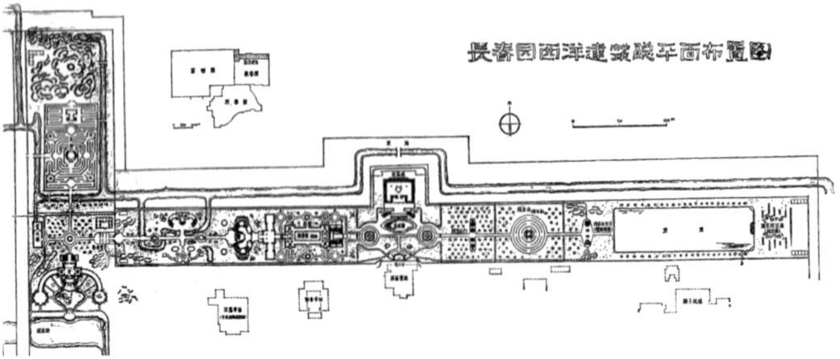

长春园西洋建筑总平面布置图

① 见《扬州画舫录》有关怡性堂、澄碧堂、九峰园各段。

② 晁俊秀（P. Michael Bourgeois，？—1792），即赵进修。

五十一年（1786年）从北京函告巴黎图书馆印刷部主任[①]，说已绘成园图20幅并刻铜版，就是指这群洋楼图样。铜版印本原大0.64米×1.10米，分藏于北京、沈阳两地皇宫与热河行宫[②]，并散见于德、法、日各大图书馆。目前容易看到的印刷品是沈阳故宫旧藏铜版20幅印本缩影[③]。

经过的事实应是：（1）20幅铜版图乃西洋楼全部完成后郎世宁[④]所绘，是竣工透视图，不是施工图；（2）建筑形式是法国洛可可式；（3）建筑群主旨是水法；（4）建筑年代始自乾隆十二年（1747年），迄乾隆二十五年（1760年）告成，共13年。

清高宗在位60年（1736—1795）正当太平无事时期，6次南巡。高宗对江南文物的倾倒，在园林上表现得最为显著。他曾在北京、热河各御园中仿造一些江南名园，如清漪园［光绪十四年（1888年）重建时改称颐和园］中的谐趣园是仿建无锡

---

① 指法国人L. F. Delatour（1728—1807），著有《关于中国建筑园林论述》（*Essais Sur L'architecture des Chinois, Sur Leurs Jardinsetc*），巴黎，1803年出版。

② 新中国成立后，文化部与北京大学各收得一套。

③ 1931年沈阳东北大学工厂影印东三省博物馆所藏《圆明园东长春园图》。卷首有馆长金梁撰《长春园铜版图考》与卞鸿儒撰《长春园图叙记》。

④ 郎世宁（F. Giuseppe Castiglione，1688—1766），意大利人，耶稣会士，清如意馆画师。

寄畅园，避暑山庄的烟雨楼仿建嘉兴烟雨楼等。他自然也欣赏欧洲文化。耶稣会教士自明末东来，天主教在中国开始打下根基；传教士以天文历算甚至艺术为饵，做文化渗透先锋。乾隆十二年，当高宗偶见西洋画中喷泉而感兴趣时，问郎世宁谁可仿制，郎即推荐教士蒋友仁[①]，帝随命蒋在长春园督造水法，建筑由郎世宁、王致诚[②]、艾启蒙[③]等负责，并由汤执中[④]主持绿化。

喷泉在欧洲始见于希腊罗马，文艺复兴时期（14—16世纪）开始发展；到17世纪达最盛阶段，以法国、意大利的品类为多而又美。在18世纪的中国，来自法、意的传教士夙昔对喷泉耳濡目染，遇有仿造机会，既可以供中国统治者赏玩，博其欢心，又借以夸耀西方文化，是求之不得的。于是作为传教辅助手段，宣扬异国风光的西洋建筑与水法，就在京郊出现。

① 蒋友仁（P. Michael Benoist，1715—1774），法国人，字德翊，耶稣会士，1744年来澳门，旋至北京，助修历法。他除富有机械知识外，在古典经书方面，也为侪辈所不及，曾将中国《尚书》《孟子》两书译成拉丁文。

② 王致诚（Jean Denis Attiret，1702—1768），法国人，耶稣会士。

③ 艾启蒙（P. Ignatius Sichelbart，1708—1780），波希米（捷克）人，耶稣会士，1745年来华，清宫画师。

④ 汤执中（F. Pierre D'Incarville，？—1757），法国人，耶稣会士，巴黎科学院驻华通讯员，研究中国蚕桑、油漆、染料与花卉，著有关中国植物学书籍，并采集北京一带植物260种标本寄欧。

高宗对西洋“奇珍异宝，并无贵重”[①]，独于天文数理，沿袭其祖父康熙帝从传教士研习前例，时加奖掖，而属于机械范畴的自鸣钟、喷泉之类，虽引起他的好奇，但仍鉴于玩物丧志之诫，除历算以外，都视为消遣末艺，不俾自由发展机会，因而也扼杀了中国科技萌芽。

明末徐光启（1562—1633）所著《农政全书》，其中有一段引迹耶稣会士熊三拔[②]于万历四十年（1612年）所译《泰西水法》。耶稣会士邓玉函[③]于天启七年（1627年）著《远西奇器图说》。两书都印有龙尾车[④]由低向高输水插画（图1）。18世纪初期，法国也有专书[⑤]详述喷泉类别与制造方法。蒋友仁

① 见刘复译《乾隆英使觐见记》载高宗致英国王书。

② 熊三拔（P. Sabatino de Ursis，1575—1620），意大利人，耶稣会士，1606年来华。

③ 邓玉函（P. Johannes Terrenz，1576—1630），瑞士人，耶稣会士，1621年来华。熊三拔译《泰西水法》的龙尾车图编入《农政全书》，又由这书汇归乾隆七年（1742）刊印的《授时通考》。本文龙尾车木刻版画取自邓玉函所著《远西奇器图说》卷三。笔者于20世纪70年代初曾为长春园水法原委就正清华大学机械系教授刘仙洲同志，他肯定了所提的“龙尾车”与《远西奇器图说》论点。

④ 希腊数学家、物理学家阿基米得（Archimedes，前287—前212）发明龙尾车，劢转螺纹扭水上升，名Archimedes'Screw。

⑤ 法国造园家勒诺特尔（Le Notre）的门徒勒·布朗（Alexandre le Blond，1679—1719）用笔名Antoine Joseph Dezalliers d'Argenville著《造园理论与实践》（*La Theorie et Piratique du Jardinage*），1709年在巴黎出版，英国有John James1812年译本。

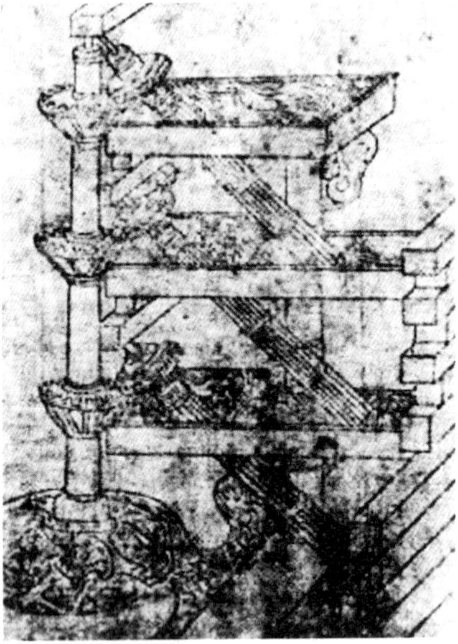

图1　龙尾车，择自《远西奇器图说》卷三（木刻）

设计喷泉机械安装，自然要参考这些刊物。这是传教士结合自身利益，投帝王之所好。尽管封建近臣由于对远方新奇事物的疑惧，出而阻挠，又有经费开支与物色施工熟手等难题，但蒋友仁终于捞到这千载一时机会，利用他的技术知识，取得成功。

“谐奇趣”（图2A、图2B、图2C）是园中最早的西洋楼，造于乾隆十二年。南面弧形石阶前有喷泉及水池，北面

图2A　谐奇趣南面（铜版画）

图2B　谐奇趣南面1870年前后状况（奥末尔　摄）

图2C　谐奇趣南面1923年情况（笔者当时写生）

双跑石阶前也有喷泉与水池，楼高3层，南面从左右两边曲廊伸出六角楼厅，是演奏蒙、回、西域音乐的地点。同时又建“蓄水楼”，高两层，在“谐奇趣”西北，专供“谐奇趣”南北两面喷泉用水。还有花园（图3）与“养雀笼”（图4A、图4B），也是这时完成的①。

① 水体富丽多姿的“谐奇趣”组合，既有喷泉专用的“蓄水楼”聚水池，再辅以花园绿化养鸟设施兼服务用房，实已具轴线对称的完整欧式布局，足使高宗踌躇满志，适可而止。但过了十余年后，便感范围局促，久而生厌，因此可能为迎合帝王奢望而再东展，上升到海晏堂大水法高潮。

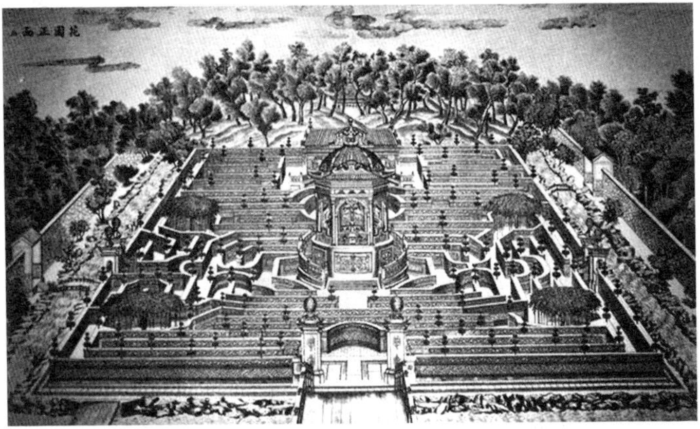

图3　花园正面（铜版画）内容主要是“迷阵”

图4A　养雀笼东面（铜版画）

图4B　养雀笼东面1880年实况（门洞向西望蓄水楼，引自亚乐园所著书）

其次是第三座洋楼“方外观”，乾隆二十五年（1760年）完工，一向传说这年清军征服新疆当时回部，叛首小和卓战死，“香妃”作为战俘被送北京，高宗把方外观划归她作礼拜用地。但最近发现有关香妃的史料[①]，说明她的家族由于起兵配合清军平定大、小和卓之变有功，进京领受封爵，她也入宫并于8年后晋封为“容妃”，乾隆五十三年（1788年）下世。方

① 见《文物》1979年2月，肖之兴撰《“香妃”史料的新发现》。

外观用大理石贴面，加刻回纹装饰（图5A、图5B），显示与维吾尔族的联系。

方外观完成后，继建“海晏堂”“远瀛观”“大水法”。巧妙喷泉水戏，都在这区，集全国水法精华。乾隆九年（1744年）刊《御制圆明园图咏》下卷“水木明瑟”一景，题云“用泰西水法，引入室中，以转风扇……”乾隆六十年（1795年）《扬州画舫录》问世，载“水竹居”园中作水法[①]。两园都利用西洋机械引水。同样，海晏堂也是为安装泰西水法机械设备而起造的，并且是园中最大的洋楼（图6A、图6B）。主要立面西向，两层11开间，中间设门，门外平台左右对称布置弧形石阶及水扶梯形式[②]扶手墙，可沿石阶下达地面水池；

---

①《扬州画舫录》卷十四“徐履安……丁丑间（即乾隆二十二年）为园……作水法，以锡为筒一百四十有二伏地下，上置木桶，高三尺，以罗罩之，水由锡筒中行至口，口七孔，孔中细丝盘转千余层，其户轴织具桔槔辘轳关捩弩牙诸法，由机而坐，使水出高与檐齐，如趵突泉，即今之水竹居也”。“水木明瑟”“水竹居”“西洋楼”水法都用同一方式即龙尾车操纵水源。欧洲于17世纪中叶发明水泵以后，法国1682年就在巴黎西郊装置100匹马力水泵。凡尔赛人部分喷泉就是利用水泵供水。此后维也纳御园又利用蒸汽机运转水泵供喷泉水源。西洋楼建造时，蒸汽机尚未发明，蒋友仁即使已知水泵的存在，当时当地工业条件也无法制造。

② 水扶梯样本来自罗马庄园，水流由石阶侧面或由扶手墙顶分级下泻，形成折叠瀑布。

图5A　方外观正面（铜版画）

图5B　方外观正面1923年情况（笔者当时写生）

图6A　海晏堂西面（铜版画）

图6B　海晏堂西面1870年前后状况（奥末尔　摄）

池两侧各排6只铜铸喷水动物，组成封建迷信时代规定的地支“十二属”，代表十二时辰[①]，每隔一时辰（相当于现在两小时）依次按时喷水，正午由十二铸体同时喷水。艾儒略[②]在所著《职方外纪》书中，载罗马有一名苑，铜铸禽鸟，遇机一发，自能鼓翼而鸣，又有“编箫，但置水中，机动则鸣”。蒋友仁不特习闻或竟目睹这些奇迹，得到启发，参照有关水法诸书[③]运其匠心，成此杰作。中国当时制造业，虽尚未接触欧洲新兴的工业革命，尽管与传教士教育知识有很大差距，但竟然能按照他的意图，完成机械制造安装任务，也使人叹服。和这11间楼用扶梯连接的是安放水车水库的11开间工字楼，中段有砖砌高台，上置“养水池”，盛水180吨。池周包满锡板，防止渗漏，池中又养游鱼，称为“锡海”。工字

---

① 我国计时方式在西洋钟表通行以前，用十二时辰，即十二地支：子丑寅卯辰巳午未申酉戌亥。十二属按年排列，由子年到亥年是鼠牛虎兔龙蛇马羊猴鸡狗猪。

② 艾儒略（Giulio Aleni，1582—1649），意大利人，耶稣会士，1610年来华，所著《职方外纪》于天启三年（1623年）刊于杭州。罗马西郊有艾斯泰庄园（Villa d'Este），造于1550年，以水法著称；最闻名的水琴，由水流鼓风奏乐，即书中所指“编箫”，早已失灵。

③ 除前述有关水法书籍，欧洲文艺复兴时期水工学著作如1619年在德国出版的《流体动力法则》（*Les Raisons des Forces Mouvantes*），提到用水力正午报时和开动音乐车。

楼两翼是东、西两水车房，地面有下冲流水石槽（图7），借以激动机轮，带动龙尾车，扭水旋转上升，达到锡海，再利用地心引力经过铜管流向喷泉。工字楼东翼门前有4折石阶下达地面，通向东院“大水法”。

图7　海晏堂流水下坡石槽
（引自亚乐园所著书）

海晏堂以东是石龛式“大水法”（图8A、图8B、图8C）。大水法正北，筑在台上，是“远瀛观”（图9A、图9B）。乾隆三十二年（1767年）为陈列法王路易十六所赠挂毯而改造过内部，此前一度是香妃住所。远瀛观大平台下面水库，供“大水法”喷泉水源。

再东是“线法山”，介于两牌坊之间，山上有八角亭；这区也称“转马台”，是清帝环山跑马之所。最东隔“方河”

图8A　大水法正面（铜版画）

图8B　大水法1870年前后状况（奥末尔　摄）

图8C　大水法1936年实况（笔者　摄）

图9A　远瀛观正面（铜版画）

图9B　远瀛观1870年前后状况（奥末尔　摄）

望“湖东线法画”（图10），又名“线法墙”，南北两边分砌平行砖墙5列，可张挂油画，绘香妃故乡阿克苏伊斯兰教建筑十景，随时变换。最后障以远山轮廓，孤山萧寺，作为天幕，意境无尽；方河倒影，既提供衬托，又增加透视距离，强化幻觉，作为园景结尾，是工程最终阶段，时当乾隆二十五年。布景画面由郎世宁主持，艾启蒙、何国忠、沈源、孙祜协助。

图10 湖东线法画（铜版画）

玉泉山水被引入圆明园再东流入长春园，具有充足水源，是水法先决条件，是蒋友仁规划水法的生命线。他于乾隆三十九年（1774年）病殁以后，无人能操纵龙尾车，因之每逢高宗游园，就只能由人工拱桶上楼输水，供应喷泉，帝去水息。乾隆五十八年（1793年），英使马戛尔尼聘华来京，奉旨观圆明园等处水法[①]。帝意本期借此夸耀外邦，美化印象，岂知英使全未在意，日记中他只描述圆明园宫室亭馆之胜，对长春园水法一字未提，这是因为：喷泉在英国作为拉丁规则式园

① 见《乾隆英使觐见记》，原书著者马戛尔尼（George Macartney，1737—1806）是聘华使团长。

庭一种装饰，16世纪下半叶是极盛时期，到18世纪由于受中国影响而兴起的自然作风弥漫英国之后，矫情人造的水法已过时而不遭重视，而英使所垂意的倒是桥亭山石、花木台榭的曲折入画，胜境天成。他对水法漠然置之，不足为怪，对中国观赏植物，则尽力收罗。他来聘时带英国园丁两名，嗣后英国庭园就多加中国花木点缀。

全园总平面规划一反中国传统，突出地表现西方轴线对称特点，东西方向的主轴长800米，和主轴垂直的有南北向3条次轴。从最西开始，由“谐奇趣”与“花园门”组成第一条次轴，再和靠西墙的“蓄水楼”面对“养雀笼”构成四合院。第二条次轴由北面的“方外观”对南面“竹亭”，再与东西相对的“海晏堂”和“养雀笼”东面构成又一四合院。再东，坐南的“观水法”宝座加靠壁，北对“大水法”“远瀛观”，与西面的“海晏堂”和东面的“线法山门”组成最后的四合院。“线法山门”与“线法山东门”之间的“线法山”，自成一院。再东是“方河”，隔河望“线法墙”，就到了主轴东尽端。主轴全部并不似西方庭园一眼望到底的直线，而是被建筑物有节奏地分作3段，就如北京故宫由前门到景山南北3公里长的主轴，多次被宫门殿宇隔断，从而缩短视距。西洋楼建筑群同样地把一长条园景分成几个院落，避免拉丁庭园一望无际之感。

全部建筑用承重墙，平面布置、立面柱式、檐板、玻璃门、窗，以及栏杆扶手等，都是西洋做法。屋顶有硬山、庑殿、卷棚、攒尖各式，用筒瓦、鱼鳞瓦、花屋脊及鱼鸟宝瓶装饰，只是不起翘。雕刻装饰细部夹杂中国式花纹，太湖石、竹亭等点缀更具中国特色。喷水塔、喷泉与喷水池也带华化装饰。海晏堂西面水戏避用西方裸体雕像，而代以铜铸鸟兽畜虫十二属，都是善于结合中国艺术习惯的巧妙手法。

园中纯西方作风在绿化方面如：（1）修剪①，有绿篱或塔状两种；（2）花坛②，用花草铺成锦地花边，有如绒毡；（3）迷阵（Maze），用绿篱矮树曲折为垣，遮挡视线，划出无数来复夹道，游入者迷失方向，绕进绕退，或忽面撞冲来急觅出口的人，以为笑乐。西洋楼“花园”不用绿篱而改用1. 5米青砖刻花矮墙，墙顶植塔形剪树，名“万花阵”，讹为“黄花灯”（图3）；（4）某些西方建筑术语已被习用，如《圆明园工程做法》所称“西洋拨浪”，“拨浪”（plan）

① 修剪（Topiary）一词早在1世纪已见于罗马文人函述别庄景况，当时用灌木修剪成禽兽体形。

② 花坛或花毯（Parterre）与修剪同出于古罗马；15世纪传入法国和英国。

词意在英、法、德语都可解作“方案”、“计划”或“平面图”。乾隆间刊印的李斗所著《工段营造录》，也有“西洋拨浪”这词，可见通行之广；（5）“线法”，当时是新事物，今称“透视学”[①]。欧洲艺术家自从15世纪起掌握这制图方法，不但用之于绘画，而且推广到舞台布景。长春园内“线法山”“线法桥”（图2A池上左侧靠边墙一段），尤其“湖东线法画”，都给人以立体与深度幻觉，这在意大利舞台布景中早有先例[②]，通过绘画或浮雕使平行线都朝向消失点，产生远近感。铜版图20幅本身都是透视画，不过亦未严格遵守透视法则[③]，这与当时欧洲园林版画作风有关，另一原因是有意迁就

① 透视学（Perspective）创始自文艺复兴初期意大利画家伍切娄（Paolo Uccello，1397—1475），郎世宁将透视学传授与年希尧。雍正年间年希尧刊印《视学》，纯以数学原理为依据，因而未被文人画家重视。视学又称“远近法”，当时天津杨柳青年画与太平天国后上海吴友如所绘点石斋石印画报都遵用透视原理。

② 意大利维琴察（Vicenza）城有歌剧院，舞台背景是石墙，用雕刻形成三道斜拱建筑，由帕拉第奥（Andrea Palladio，1508—1580）按透视原理设计后，1584年斯卡茂奇（Scamozzi）负责完成。长春园“湖东线法画”“谐奇趣”前水池西墙“线法桥”（图2A）等，都是得自意大利舞台布景启示。

③ 当时还未严格遵守透视学规律。意大利人法勒达（Giovanni Battista Falda，1643—1678）于1665年刊行有关透视学著作，其中所画建筑物面样有些被歪曲变形以迁就平面。17—18世纪欧洲园林版画透视也有加以扭挣甚至平面掺杂立面。美国期刊《园景建筑》（*Landscape Architecture*），1964年7—9月载有马奎尔（Diane Kostial Mcguire）撰《不被重视的园庭旧版画艺术》（*Old Garden Prints，A Neglected Art Form*），有图例说明很多不合法则的透视版画。

中国传统界画山水画惯例，使观者不致感到生疏甚至怪诞。

耶稣会传教士模仿巴黎凡尔赛与圣克陆[①]而完成的长春园欧式宫苑，可称为东方凡尔赛。法王路易十四（1638—1715）于17世纪60年代开始经营凡尔赛宫园，到路易十五王朝才全部告成，历时百年。随即出现一些仿建宫园，主要如俄京彼得夏宫[②]与柏林无愁宫[③]，都效法凡尔赛宫殿绿化喷泉，具体而微。凡尔赛属17世纪巴洛克（Baroque）建筑风格。清高宗在位年代（1736—1795），正逢18世纪50年代法国开始出现洛可可（Rococo）建筑形式；长春园西洋楼就在这期间动工，自属洛可可风格范畴[④]。本来由耶稣会教士把中国宫苑佳话传入

① 圣克陆（Saint Cloud）在巴黎西郊塞纳河畔，是16世纪建造的皇家别墅，有宫堡，园中布置喷泉水池。

② 彼得夏宫（Peterhof），彼得大帝既游凡尔赛，急思仿建，以致夜不能寐；回俄京后，延致前述法国造园理论兼实践家勒·布朗（Le Blond）在圣彼得堡郊区兴建夏宫，有喷泉花木，1711年完成。

③ 无愁宫（Sans Souci）在今柏林波茨坦，普鲁士腓特烈大帝（Frederick，1740—1786在位）御苑，水法绿化由克诺柏士道夫（Knobelsdorff）规划，1747年竣工。

④ 肯定“西洋楼”建筑属洛可可风格的，例如以下刊物：美国人旦贝（E. Danby）1926年著《圆明园》（*The Garden of Perfect Brightness*），指西洋楼是洛可可式；法国人德茂兰（Georges Soulie de Morant）于所著《中国历代艺术史》（*Histoire de L' art Chinois*）（1928年巴黎版）称之为洛可可风格；向达在《圆明园遗物文献之展览》（见《中国营造学社汇刊》第二卷第一册，1931年）一文中，也指出为“西洋美术上之罗科科主义”。

法国，又由他们把法国造园风格搬到北京。应该指出的是，受中国文化款式丝绸陶瓷花纹装饰影响的洛可可娇俏细巧体裁，又和中国园林营造手法默契；这同英国风景园林在18世纪受中国影响而趋向自然形式，如出一辙。法国也热衷于由英国传入的东方园林作风。勒鲁治（Georges L. Le Rouge）1774年把所著关于中国宫室园林并附有版画的书，命名为《英华园庭》（*Jardin Anglo-Chinois*），这就将当时中、英、法园林营造捻成一根绳了。

英法联军1860年攻入北京[①]，焚圆明园，东邻长春园西洋建筑也同时沦为废墟。本来由传教士被宠信而兴建的“西洋楼”，又以借口传教士被杀害而遭毁灭，经欧洲人构思督造，再经欧洲人用武力夷平，岂非西洋文明一大污点，岂非历史一大讽刺！这场暴行以后，再过一年，法国一汉学家[②]来园地游视，并发表著作；1870年前后，又有德国人[③]到废墟残

---

① 英国人乘鸦片战争割据香港，后又进扰广州，再启战端。这时，法皇拿破仑三世以广西法国传教士被害为口实，与英联合，攻入广州。1860年英法联军又乘中国不备攻陷大沽炮台，占据天津、北京，焚圆明园一带御园。

② 这汉学家是包提埃（Guillaume Pauthier，1801—1873），他于1862年著《乾隆宫苑圆明园游记》（*Une Visiteé á Youen-Mingyouen，Palais de L'Empereur Khien-Loung*）。

③ 德国人奥末尔（Ernst Ohlmer）曾任天津海关监督，摄园景14幅，1932年由滕固将底片付交商务印书馆出版，称《圆明园欧式宫殿残迹》。

迹摄影。未几，北京天主教一主教也来摄影并将图片附入所著书[①]。1909年法国人孔巴尔（Gisbery Combar）著《中国皇宫》（*Les Palais Imperiaux de la Chine*）提到长春园西洋建筑。辛亥革命后，法国人亚乐园著有关“西洋楼”论述并插印1880年间照片数幅[②]。1911年后，北洋军阀当政，不再过问皇室遗产，长春园残存大量石料被拆散外运，无人禁阻。笔者1921年起在清华学校就读，课余有时到校西咫尺长春园遗址闲游。洋楼或仅剩地基，或仍留残壁，荒烟蔓草，寂无一人。1923年瑞典中国建筑学家曾来游摄影，并著有关中国园林的书[③]，1930年觉明撰《圆明园罹劫七十年纪念述闻》[④]。解放后，1959年《文物》9期印陈庆华撰《圆明园》一文。

应该提到与“西洋楼”有关系的两个北京人：一是陆纯元，陈文波《圆明园残毁考》[⑤]载：“得老人曰陆纯元者，于

---

① 这主教是A. Favier，著有《北京》（*Pékin*），1879年出版。

② 亚乐园（Marice Adam，1889—1932），任职中国海关，著有《18世纪耶稣会十所做圆明园工程考》（*Yuen Ming Yuen，L'oeuvre Architecturalle des Anciens Jesuites au XV III Siecle*），1936年刊于北京。

③ 瑞典人喜龙仁（Osvald Sirén）著《中国园庭》（*Gardens of China*），1927年初版。

④ 觉明（向达）撰文见天津《大公报》文学副刊151~152期。

⑤ 陈文见《清华周刊》十五周年纪念增刊，1926年。

海源（晏之误）堂之下，今年七十七矣，老人在咸丰十年时故为园之清道夫而服役于海源（晏）堂。……追述其目击英法联军纵火焚园情形。”又有金勋，他的先辈曾承担海晏堂建筑施工，家中或有旧日工程图样，他1924年绘制圆明园和长春园西洋建筑总平面布置复原图与其他图样，由亚乐园择载于所著书中。本文所附总平面布置图，就是根据实地部分测量，参考金勋所绘，与北平工务局1933年实测圆明园、长春园、万春园总平面[①]（1：2000）画成的。

① 北平工务局实测三园总平面印本，承北京清华大学莫宗江教授提供。1963年本文总平面附图画成后，现再由南京工学院建筑系教师晏隆余同志描绘制版。

亭*

1959年夏《建筑学报》载有郭湖生同志园林亭子一文，近予深考，觉有未尽。试为引申如次，仍以质之湖生。

释名云：亭，停也。道路所舍，人停集也。风俗通：亭，留也，行旅宿会（或作“食”）之所馆也。亭亦平也，民有讼争，吏留办处，勿失其正也。前汉《平帝纪》：因邮亭书以闻；邮亭，行书之舍，即今驿递。后汉《百官志》：十里一亭，十亭一乡，有亭长持更板以劾贼，索绳以执贼。汉又有旗亭、市亭；闾里设亭，管街政。综之，亭在秦汉，乃旅途停聚食宿之所，兼理司法邮递，即刘邦泗上亭长职司，尚非后代专作点缀园林眺望风景所用。秦汉上林之帝王苑囿，文献上未见此类建筑。唯《搜神记》言汉蔡邕曾至柯亭，取其竹为笛，已

---

* 此文写于1964年，曾于当年刊载于《南工学报》第一期。

隐寓暇豫之意；两城山汉画像石（图1），水上跳亭，园池游乐，更显而易见。是登览之亭，汉已萌芽。东晋王羲之“集同志四十二人”修禊于会稽山阴之兰亭，屡经迁建之后，原址久

图1　两城山汉画像石

已不存，实则亦不过若云山阴某里某站，未必即右军等饮宴所在。但此时游观之亭，已渐普遍，如建康（今南京）新亭，即王导喻言“楚囚对泣”之处，乃东晋南渡诸人暇日鉴胜所聚。六朝既开其端，至唐宋遂遍于宇内，几乎无处无亭。不独建筑上添一丰富体形，诗文绘画亦因之扩大题材，亭遂成为吾国文化上一种有趣点缀品。

亭基本形体，按《营造法式》，为四柱攒尖；今所见汉代画砖（图2），及上述汉画像石，为其最早式样，与象形古文兪极似。随历代演变，其多种多样，超出任何建筑物上。一因材料结构简单，瓦木竹茅，用之得宜，无伤大雅。且占地不大，山巅田侧，路旁小心，随地安排，均能居高览胜，因借得宜。平面则如《园冶》所云，造式无定；有独木（图3）、三

图2　汉画砖

图3　上海学圃园独木亭

角、四方、五角、梅花（图4⑤⑥⑦、图5）、六角、八角、半亭、圆形、扇面（图4⑪、图6）、套方、套圆（图7）、十字、方胜等式。功能则分碑亭、舣舟亭、井亭、风景亭等；大多数之亭属风景类。

流杯亭为风景亭中特殊而最富诗意类型。兰亭之流觞曲水，乃自然山溪，任其蜿蜒，流杯亭则将水流引入渠道，盘曲于亭内或周围，成回文萦带。唐李德裕有诗咏流杯亭；今所见最古实物，可能为河南登封崇福寺宋初流杯亭遗迹[①]。宋南

① 见关野贞《中国的建筑艺术》及《中国营造学社汇刊》第六卷第四期，刘敦桢《河南省北部古建筑调查记》。——作者注

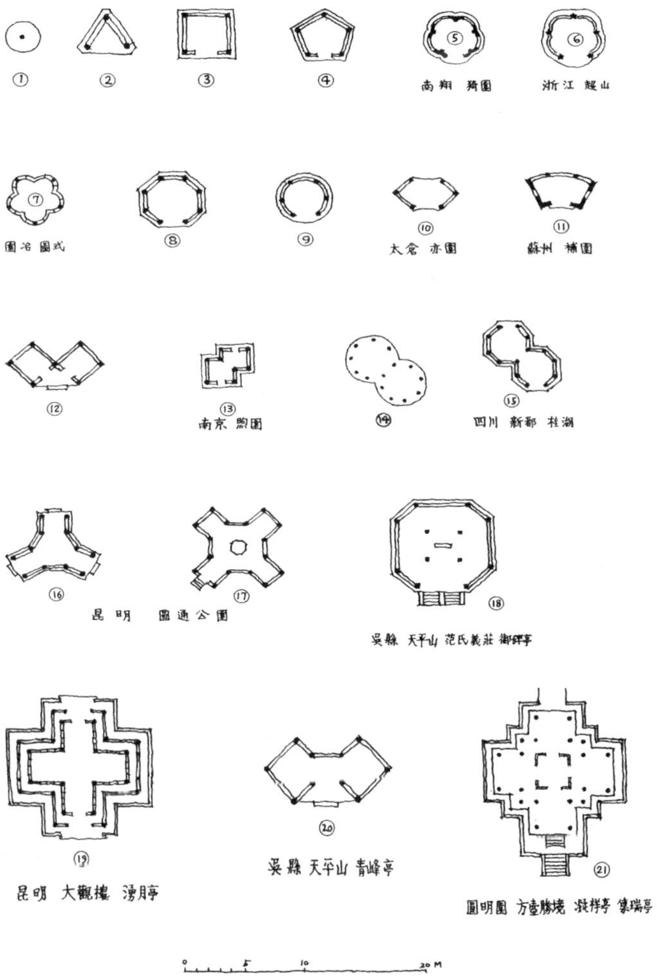
①
②
③
④
⑤
南翔 猗園
⑥
浙江 超山
⑦
園冶 圖式
⑧
⑨
⑩
太倉 亦園
⑪
蘇州 補園
⑫
⑬
南京 煦園
⑭
⑮
四川 新都 桂湖
⑯
⑰
昆明 圓通公園
⑱
吳縣 天平山 范氏義莊 御碑亭
⑲
昆明 大觀樓 湧月亭
⑳
吳縣 天平山 青峰亭
㉑
圓明園 方壺勝境 凝祥亭 集瑞亭
0 5 10 20 M

图4

图5　南翔猗园梅亭
（参看图4⑤平面）

图6　苏州补园扇面亭

图7　北京中海双坛

渡后，杭州最多，亦称曲水亭。今安徽滁县醉翁亭所存一例（图8），始自北宋欧阳修。其渠道曲折，绕亭四面；水口出入，利用山溪高差，常流不息。北京南海有另一例（图9）。已毁之北京万春园清夏斋，亦有流杯亭（图10）。上海豫园湖心亭（图11、图12、图13），四周较敞，曲桥又长，故高大繁复，始觉相称，亭而兼阁，为水面筑亭最美一例。唯屡经重修，北部尚存本来面貌，南半惜已改观。扬州瘦西湖莲花桥（图14、图15），“上置五亭，下支四翼，每翼三门，合正门

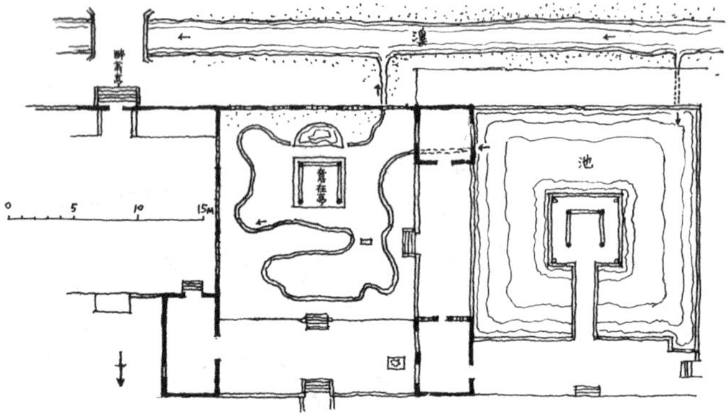

图8　滁县醉翁亭平面图

图9　北京南海流杯亭（泛觞亭）

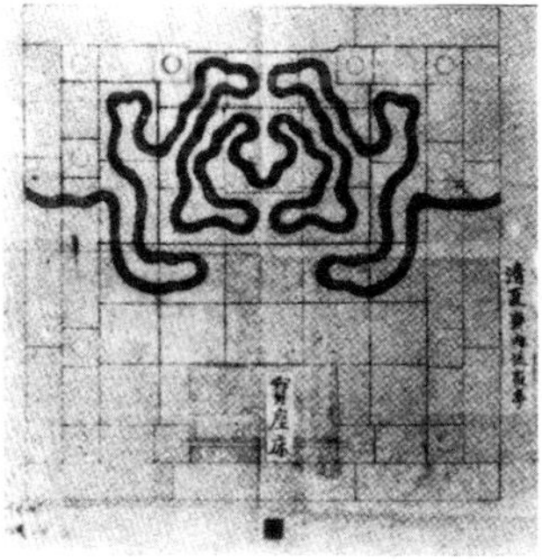

图10　北京万春园清夏斋流杯亭平面图

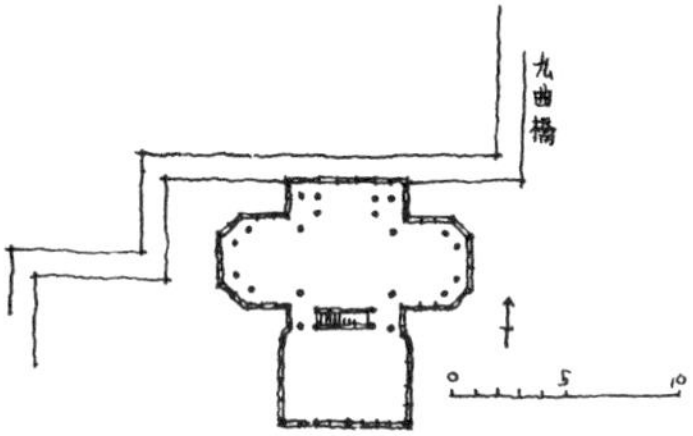

图11　上海豫园湖心亭平面图

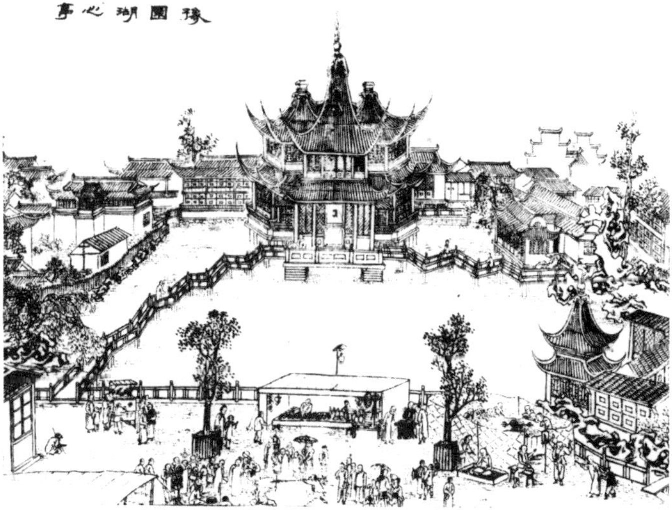

图12　上海豫园湖心亭（1905年吴友如绘）

图13　上海豫园湖心亭

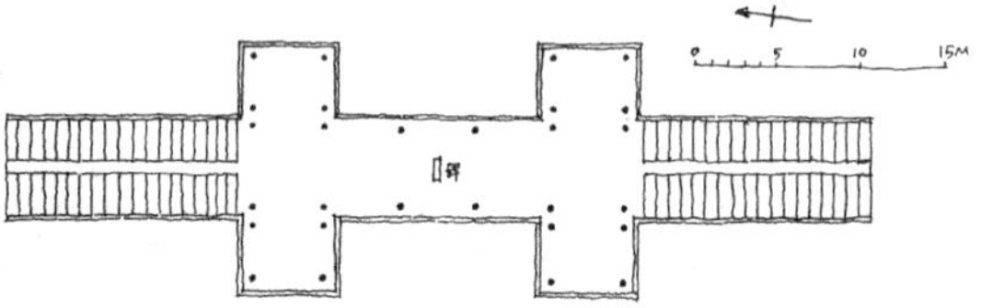

图14　扬州瘦西湖莲花桥平面图

图15　扬州瘦西湖莲花桥

为十五门，月满时每洞各衔一月”（《平山堂图志》《扬州画舫录》），实桥亭之最。

李斗《工段营造录》谓“亭制以《金鳌退食笔记》九梁十八柱为天下第一”。乃指北京大高玄殿门前二亭（图16）；笔记称其“钩檐斗桷，极尽人巧”。《园冶》所云奇亭巧榭，今见于造形变幻别致者，昆明圆通公园八角四出十字形碑亭[1]（图4⑰）允称杰构。昆明大观楼涌月亭（图4⑲、图17），为单纯十字。与此平面相似，圆明园方壶胜境

① 据1940年所见。——作者注

图16　北京大高玄殿两亭之一

之凝祥、集瑞两亭，更较华丽，中央十字脊，下起高台，三面环水（图4㉑、图18），堪与前述之大高玄殿两亭媲美，惜已毁灭。园中尚有十字亭一二处，亦均不存。故宫御花园两十字亭，则单檐圆顶。1934年西安出土唐兴庆宫石刻图，龙池亭有沉香亭，即李白《清平调》所指“倚栏杆”处，三间重檐尖

图17　昆明大观楼涌月亭

顶，面宽竟与西南之长庆殿相等（图19），可称为历史上最大之亭。样子雷圆明园画样，有冰上亭式拖床（图20），仅可容膝，真乃最小之亭，且能奔驰。与此相仿，则有《齐东野语》所述张氏园驾霄亭，“于四古松间，以巨铁组悬之空半，而羁之松身”，此亭亦不生根而可飘浮，二者均臻活泼极致。《天中记》言宋理宗有拆卸折叠之亭，专视山水佳处，随地移置，可谓今日预制装配新技术先声。又有全借花木结亭，如清初南京袁枚随园六松亭，即结松而成，“其枝干之披拂，俨为绿瓦之参差”。园内古柏六株，互蟠成偃盖，因之缚茆，曰柏

图18　北京圆明园方壶胜境凝祥亭（集瑞亭同）

图19　唐兴庆宫石刻（原图比例每6寸折地1里）

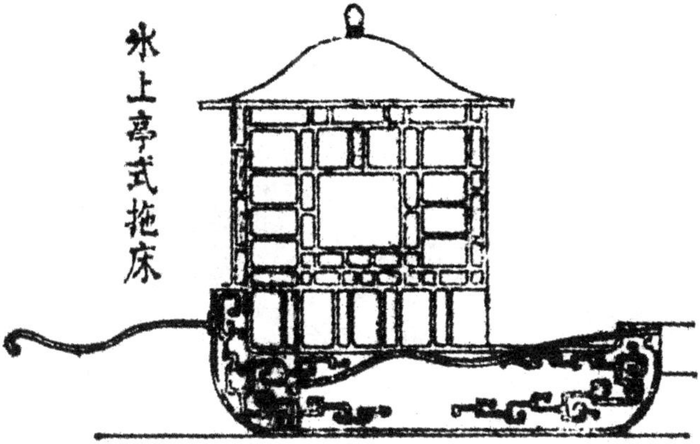

图20　冰上亭式拖床

亭，皆不需建筑材料，善于利用自然之例。

中国园林艺术，传至西欧，在英国出现18世纪之英华园庭。其风景园中，除花、木、洞、桥，尽力模仿中国式样，亭更惟妙惟肖（图21）。有足怪者，日本庭园，虽具有独特风格，实乃中土造园艺术分支，唯其亭在形式上只少数作方身尖顶，余则与中国迥异。如京都桂离宫松琴亭（图22），题名富有汉语诗意，而外观与其称之为亭，实不若呼之为轩、堂、斋、馆更为恰当，只得认为亭之极端变格。

历来园林别业，如苏州沧浪亭，嘉兴落帆亭、曝书亭

图21　英国圆亭

图22　日本京都桂离宫庭园松琴亭

图23　贵阳唐氏待归草堂茅亭（四柱方底圆草顶）

图24　吴县天平山范氏义庄御碑亭（参看图4⑱平面）

等，因初创时只此一亭，其后陆续添建，规模扩大，但亭名久已习闻，不易更改，遂以亭名代表全园，与兰亭之代表山阴地名相仿。

吾国今日再建园林，当然不应复古，其中建筑物亦不致依旧式兴造；唯亭则尚能靠其实用价值，继续存在，如售物、等候、休息、展示场所以及岗亭、邮亭甚至加油站，仍得以传统手法，参用新技术新材料，造为各种亭式，在建筑类型中占一地位，对美化建筑工作有所贡献。

参考文献

图1、6、16、24照片均建工部建筑科学院南京工学院合办研究室所摄

图2 原载上田恭辅著《支那古董美术工艺图说》

图7 原载《中国建筑美》图册

图9 原载伊东忠太著《支那建筑装饰》

图11 择自《中国营造学社汇刊》第四卷第二期，刘敦桢《同治重修圆明园史料》

图12 原载《绘图游历上海杂记》

图18 择自《御制圆明园图咏》

图19 择自《西京金石子画集》第二期

图21 原载 C. Tunnard，*Gardens in the Modern Landscape*

图22 原载 T. Tamura，*Art of the Landscape Garden in Japan*

随园考 *

图1　袁枚像
（引自《随园琐记》版画）

清末顾云于同治八年（1869年）所著《盋山志》说，江宁随园是“天下所称名园者也”。随园乃清初袁枚所经营。袁枚著述甚多，如人所熟知的《小仓山房文集》《随园诗话》《随园文选》等。当时远近无有不知随园的。今天，随园早已不存，但仍是相传南京有名的历史胜迹之一。

袁枚（图1）字子才，号

* 本文原载《建筑师》第3期，1980年5月中国建筑工业出版社出版。

简斋，清康熙五十五年（1716年）生于杭州，嘉庆二年（1797年）殁于江宁，享年82岁。乾隆四年（1739年）成进士，曾任溧水、江浦、沭阳、江宁各地方知县，是记载上称为“有政声”的官吏。他在江宁县任内，购得南京隋织造园，加以改建。在所著《随园记》[①]中，说“金陵自北门桥西行二里，得小仓山……康熙时[②]，织造隋公，当山之北巅构堂皇，缭垣牖……号曰隋园，因其姓也。后三十年，余宰江宁，园倾且颓弛，其室为酒肆……问其值，曰三百金。购以月俸……随其高为置江楼，随其下为置溪亭，随……或扶而起之，或挤而止之，皆随其丰杀繁瘠，就势取景而莫之夭阏[③]者，故仍名曰随园，同其音，异其义”。随园由乾隆十四年（1749年）开始经营。园居第四年，子才作《随园后记》说：“伐恶草，剪虬枝，惟吾所为，未尝有制而掣肘者也；孰若余昔时之仰息

① 《随园文选》刻袁枚文百余篇，中有《随园记》（乾隆十四年即1749年）、《随园后记》（1753年）、《随园三记》（1757年）、《随园四记》（1766年）、《随园五记》（1768年）、《随园六记》（1770年）共6篇，历述以官易园，经营改作，度材构思有弃有让，藏修息游，筑毁如意，以至台成树拱，松梅墓道，随地心安，作之居之，永矢入山勿谖之志。

② “康熙时”误。曹家最后一任织造曹頫于雍正六年（1728年）免官，隋赫德继任织造。

③ 夭阏：摧折。《庄子·逍遥游》：“背负青天，而莫之夭阏者。”陆德明释文引司马彪云：“夭，折也；阏，止也。”——《建筑师》编者注

崇辕，请命大胥者乎？”子才绝意仕进，聚书论文，就从此开始。

南京清凉山东脉名小仓山，分南北两支，中间低洼，是今天广州路，路中段即随园故址。本来有起伏的小仓山，现已不见峰岭，是因太平天国建都金陵时，为增产军粮，削平成梯田。随园布局，因山谷高下分为东西3条平行体系：主要建筑全在北条山脊，南山只有亭阁两座，中间一条是溪流，乃今广州路面；南北高，中间低，形成两山夹一水的格调。园门设在东北隅，在今上海路广州路口，街道牌仍名“随园”（图2）。园东南角靠近五台山永庆寺[①]（图3）。园北紧临今东瓜寺合群新村一带，是随园当时居室、书斋、台、阁等建筑群所在（20世纪70年代兴建五台旅社）。园西北角伸至今宁海路南口，是随园“小香雪海”边缘。西南角为袁氏祖茔[②]。南山今称百步坡，当年随园有半山亭、天风阁（坡下于20世纪50—70年代建造五台山体育建筑群）。广州路是随园最低处，乃昔日荷池、闸、堤、桥、亭原址。

---

① 永庆寺在今峨眉岭，梁天监中永庆公主建，又名白塔寺。塔与大殿南楼毁于咸丰年间，光绪二十年（1894年）寺又重建。

② 袁氏茔地现存坟墓9座，中有子才墓，附近树“清故袁随园先生墓道”石坊。

图2　南京市今上海路广州路口街道牌名

《随园诗话》曰："随园四面无墙，以山势高低、难加砖石故也。每至春秋佳日，士女如云，主人亦听其往来，全无遮拦，惟'绿净轩'环房二十三间非相识不能邃到。"随园主室"小仓山房"可以宴客。子才观书、握管起坐之处，则在"夏凉冬燠所"，位于"山房"左侧；其上有楼名"绿晓阁"，亦

图3　永庆寺寺门近貌

称“南楼”，可远望台城（今鸡鸣寺）、孝陵风景。“书仓”藏30万卷。又有室名“诗世界”藏当代名贤投赠诗稿，也是入园后观览胜境之始。

在《随园二十四咏》中，子才就园中二十四景[1]分别系以七言古体诗。二十四景重点在“南台”，居全园中心，台上

① 随园二十四景：仓山云舍，书仓，金石藏，小眠斋，绿晓阁，柳谷，群玉山头，竹请客，因树为屋，双湖，柏亭，奇礓石，回波闸，澄碧泉，小栖霞，南台，水精域，渡鹤桥，泛杭，香界，盘之中，嵰山红雪，蔚蓝天，凉室。

银杏，老树粗达10围，依干构架，称“因树为屋”。其他楼阁有的结合地势高低，因山坡盘旋上下，不需扶梯踏步。南山古柏6株，互蟠成偃盖，因之缚茆，呼为“柏亭”。又有“六松亭”，也是利用松树枝干结成，《随园琐记》称“其枝干之披拂，俨然绿瓦之参差”。这一切都是善于利用自然条件，减少工料，增加天趣。“小仓山房”有七尺方镜3块，“树石写影，别有天地”，子才诗谓“望去空堂疑有路”，是扩大空间感的一种手段。轩、堂、廊、簃之装拆，多嵌蓝、紫、白、绿或五色玻璃，以代窗纸。当时玻璃仍属稀有，但已渐次推销使用，在广州、扬州各地，可看到玻璃窗①。

水源发自西山，向东流至随园，聚为荷池，然后流出园外，到北门桥，再东行绕秦淮出西水关赴江。子才在《随园五记》中说：“余离西湖三十年，不能无首丘②之思，每治园戏

① 乾隆十六年（1751年），高宗南巡，有咏玻璃窗诗。《扬州画舫录》述黄氏澄碧堂云，“西洋人好碧（碧，琉璃番音，译为玻璃），广州十三行有碧堂……是堂效其制”。乾隆四十九年（1784年）子才曾到广州，有咏十三行诗。扬州九峰园、水明楼也装玻璃窗。《红楼梦》第十七回说大观园中有玻璃镜，都是乾隆年间情况。

② 首丘：故乡。《礼记·檀弓上》：“古之人有言曰‘狐死正首丘’，仁也。”《淮南子·说林训》：“鸟飞返乡，兔走归窟，狐死首丘。”后因称人死后归葬故乡为“归正首丘”。也用为怀念故乡之意。——《建筑师》编者注

仿其意，为堤为井为里外湖为花港为六桥为南峰北峰。”“小香雪海”居北山西段，种梅500本，模拟罗浮邓蔚。园中四时皆花，益以虫鸟之音，雨雪之景，因之游人不断，最多达到一年有十余万人，以致户限为穿，每年更易一二次。从来私人园墅，或扃钥为常，或闭门不纳，似子才之与人共之，是极少数开明园主的可取作风。随园土木建筑工程主要出自梓人龙武台之手。龙死无家，葬于园侧。

随园本子才终年所寓，园宅兼具，生产菜蔬，又有水田，鱼米足以自给，合田园庐墓为一整体，总面积达百亩左右，是地主城市中一座庄园。历史上有很多文人园，但少有如子才之得享天年，优游林下，由于不屑仰承上官鼻息，看破宦场虚伪谄媚，毅然引退，诗酒宾客中，园居50年，广收女弟子多至30多人，破除封建束缚，开风气之先，甘冒流俗非议，可谓为一富有反抗精神的人物。他也常离家出游。陈子庄《庸闲斋笔记》载海宁隅园（即安澜园）断壁遗有子才题诗：“百亩池塘十亩花，擎天老树绿槎枒，调羹梅也如松古，想见三朝宰相家。”子才又访如皋冒辟疆水绘图，“已荒草废池，一无陈迹”。苏州距金陵不远，拙政园是当时蒋氏复园。子才为蒋姻家，因而屡来游息。苏州逸园、水南园、渔隐园，也都有子才游踪，并曾为渔隐园作记。子才游天台时绕道松江，两至张氏塔射园，足征其游兴之高。

金陵公私园墅甚多；子才在世时，文酒嘉会无虚日。两江督署西园（明初沐英宅园）有石舫，子才为作《不系舟赋》。布政使署瞻园（明初中山王徐达府园），每年花开，必往游赏，并曾移植牡丹于随园。清末朴学家俞曲园称“子才以文人而享山林之福者数十年，古今罕有”。子才文名籍甚，著作等身，四方从风，来者踵接，甚至有先梦游随园，然后登门造访[①]。这帮文人既出自好奇，渴望结识名士，互相标榜，又企图把吟稿选入子才所编《诗话》，附骥扬名。“梦游”之说，或出伪托。随园门外东行不远，有“红土桥”，江宁达官访子才者，仪仗不过此桥，以示雅慕[②]，说明子才之名重当时，负有声望。

金陵园墅始自元朝，到明、清两代而臻极盛。子才七十以后，忽于文献中发现，他认为离所居不远，曾有明朝焦润生别业，也称随园，并臆测其遗址当在小仓山左右。但胡祥翰1926年所著《金陵胜迹志》与陈诒绂1933年著《金陵园墅志》都指应在东冶亭附近，即今东水关。

---

①《随园诗话》载：岳瀞、鲍之钟、严小秋，都在未到随园之前梦中曾游。

② 并见《金陵园墅志》与《随园琐记》。

随园既名闻远近，访者也多有记载。《随园诗话批本》作者伍舒坤说他在乾隆四十七年（1782年）初访随园，明年再访，记园中生活情况，如因四周无墙而多贼盗，鸟兽夜号，干扰睡眠，远离人家，买物不便。乾隆五十六年（1791年）三访，嘉庆二十四年（1819年）四访，时距子才殁后22年，园已沦为茶肆。《履园丛话》著者钱泳于乾隆五十六年（1791年）访游随园，子才尚在人间。道光二年（1822年）再访，子才已故，二十五年（1845年）三访，园已荒圮。麟见亭于所著《鸿雪因缘图记》说，道光三年（1823年）他游随园，见其“虽无奇伟之观，自得曲折之妙，正与小仓山房诗文体格相仿”。《随园琐记》中有一条：“某年中秋，忽传林则徐制府来游，切嘱不可惊动主人，只需清茶一瓯。”黄钧宰于《金壶七墨》中描述道光晚年随园颓败情状。子才自命达观，临终语二子说，“身后随园得保三十年，于愿已足”。咸丰三年（1853年）太平天国奠都金陵，夏官丞相曾居随园。后来丞相迁出。当清军围攻天京时，随园无人照管，日就倾圮，距子才殁后56年，即建园后104年，殆非子才始料所及。

子才曾谓“大观园余之随园也”。《红楼梦》著者曹霑（雪芹）先世三辈任江宁织造，宦居金陵。雍正六年（1728

年）免官，迁居北京，时雪芹年约5岁到15岁，在随园始营之前20年左右，曹家寓京；再过20多年，雪芹下世，40多年间，他只在乾隆二十四年（1759年）秋至二十五年（1760年）重阳这一年间，到南京两江总督府做江督尹继善幕宾，子才是尹门生，当与雪芹相识，甚至可能邀他称为“雪芹公子”者赴随园文酒之会，这时随园正完成10年，当然，督署西园更是雪芹习见的了。其他时间，雪芹住在北京，这就使他既熟悉京师世家人情习惯，加上家人传述和自身经历，更兼晓南中风物与生活方式，而将南北方联到一起。《红楼梦》第二回述石头城宁国府荣国府东西两家相连，后边一带并有花园；第三回写黛玉到京师，又述东面宁国府与西面荣国府的花园，而大观园就是第十六回所说拆除荣府东边下房并入宁府会芳园扩建成的，因此大观园址只能在北京，证之书中所用东北、河北省一带方言与室中火炕等，也应肯定北京是全书背景。但园中有些建筑风格植物品种又只在江南方可见到，有些语言也掺杂江南习用的，所以大观园乃“天上人间诸景备”[1]，由著书人想象出来的意境。否则某些情节就令人费解，如：胡适认为甄府始终在江南，贾府则在长安（京师）。但贾母有时又用南京土

① 见《红楼梦》第十八回咏大观园绝句。

话[1]。评者指出《红楼梦》全是梦境，其中矛盾疏漏，有欠斗笋熨帖，是故意制造太虚幻境，子虚乌有，将“真”事隐去，作“假”语村言。书中或由翻刻致误，或因作者欠细，或经续者改纂，甚至存心罅漏避免碍语涉嫌或触犯忌讳，引读者误入迷途，以假当真，把大观园联系到当代实物，如富察·明义题[2]《红楼梦》诗小引说，“曹子雪芹出所撰《红楼梦》一部，备记风月繁华之胜，盖其先人为江宁织府，其所谓大观园者，即今随园故址”。子才在《八十寿言诗选》中收明义祝子才寿诗十首，第七首起句是“随园旧址即红楼”。这和子才自称“大观园余之随园”异口同声混两园为一家，时间地点都不考虑；事实是，大观园与随园只有间接联系，那就是，隋家把曹家的小仓山花园接收后，再归子才，然后由雪芹写《红楼梦》时，把在北京所见贵族私园与南京做幕宾时随园印象在大观园中再现，并夸大增华，随园是真，大观园是假。读者不察，出于好奇，甚至迷入考古，误为捕风捉影之谈，这在文苑中并非

① 《红楼梦》第三回：“贾母笑道，你不认得他，他是我们这里有名的一个泼辣货，南京所谓辣子。”

② 见吴恩裕1959年著《有关曹雪芹八种》。明义是满族，他所居环溪别墅为乐善园旧址。辛亥革命后称三贝子花园，即今北京动物园。《八种》说《红楼梦》属稿于乾隆十三四年间（1748—1749年间），时雪芹住北京城内，南京随园经营方始。

孤例。

子才族孙袁起，工于绘事，是画家钱杜（叔美）门徒，本有随园图景画稿，于同治四年（1865年）重摹（图4），距园毁已12年，与他所写《随园图记》对证，颇为吻合，征之子才《随园二十四咏》所述，在图中可寻见三分之二。《鸿雪因缘图记》（清道光二十七年即1847年刊）中“随园访胜”一幅是著者麟见亭幕客汪英福1823年所绘（图5），与袁起所作都由南北望，两图繁简不同，但基本真实，有艺术价值。清末柴萼所著《梵天庐丛录》载：随园图有4种，最初由沈补萝作图，又有罗两峰及他人所作三图，然后袁香亭（子才堂弟）绘《坐北南望图》，柴门在下角，亦极“逼真”。以上各图皆不存，最后袁起所作图“虽毫厘不差，而失之嫩滞”。若按山水画标准评园图风格，毫厘不差者虽难入品，但正因如此，反可以窥见随园当时真面。本文所附随园总平面布置图（图6），就是根据袁起所绘园景制成。袁起图附跋语，是子才嫡孙袁祖志所书。祖志字翔甫，曾任上海《申报》主笔，著有《随园琐记》上下两卷，光绪五年（1879年），木刻再版；书中述有关袁起同治四年（1865年）绘园图一段，图由当时上海五岳堂铜版刻印。图跋语云：“……迨咸丰癸丑（即咸丰三年，1853年）……园亦被毁，溯距先大父以嘉庆丁巳年（即嘉庆二年，

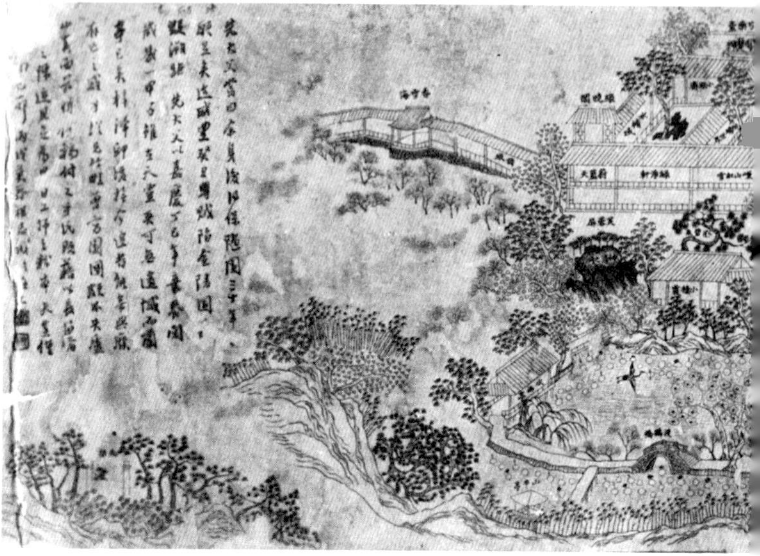

图5　随园1823年景（引自《鸿雪因缘图记》版画）

图4　袁起绘《随园图》（南京博物院摄赠）

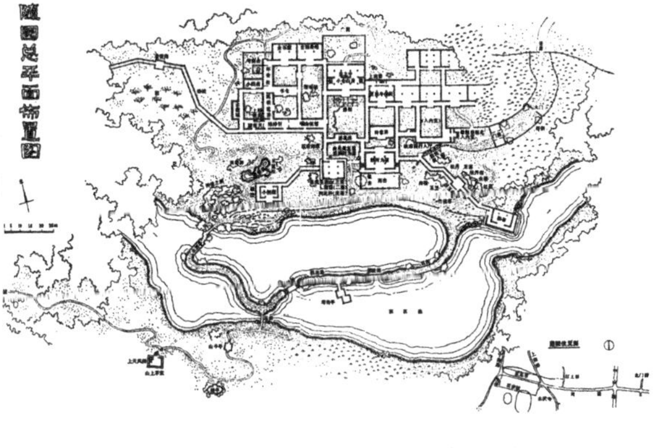

图6　随园总平面布置图（晏隆余　绘）

1797年）弃养，阅时几一甲子……从兄竹畦，曾写园图，颇不失庐山真面，兹将原稿付之手民（即刻铜），既借以留当年之陈迹，且足为异日工师之粉本，夫岂仅卧游已耶？丙戌（即光绪十二年，1886年）暮春祖志识于海上。”

袁起《随园图》印本藏南京博物院，1958年承该院摄制照片惠赠。文稿经与郭湖生同志商讨，做些修改。随园总平面布置图由晏隆余同志描绘。

造园史纲*

一、引言

本书略述东西方造园沿革史例，从神话天国乐园到今天抽象的园艺，指出17、18世纪中国、日本与英、法等国的造园成就及其相互影响，兼涉现在造园职业及专业教育。

1. 造园三大系统

英国哲学家培根于《论造园》①一文中说："文明人类，先建美宅，营园较迟，可见造园艺术比建筑更高一筹。"在气候温和、植物繁茂的地方，人们经常同山川草木接触而不觉其可贵。但如长时间烈日当空、干旱少雨，居住问题虽然解决，若缺

---

* 本文于1983年2月由中国建筑工业出版社出版单行本。

① 培根（Francis Bacon，1561—1626）：*Of Gardens*一文见*Essays*， Vol. I。

乏水泉树荫作为调剂，就会感到除为生活必需而栽种果蔬，还需借助庭园绿化来满足心理欲望，以有助于感情安宁和观赏要求。这就促使人们通过创造性的布置、修整、培育和美化工作，把造园提高到艺术领域。西亚如波斯（今伊朗）和阿拉伯大部分土地气候，就是如此，因而也就出现最早有范围的经营绿地。世界造园系统，除西亚以外，还有其他两大系统，即欧洲系统和中国系统。[①]

2. 天国乐园

基督《圣经》所指“天国乐园”（伊甸园）（Garden of Eden），据考证在今叙利亚首都大马士革。叙利亚东南的伊拉克，远在公元前3500年靠幼发拉底河岸就有花园。

3. 埃及墓园

再早则有公元前3700年埃及金字塔墓园。作为西方文化最早策源地，埃及温热干燥，只有地中海沿岸雨量充足，但稍南的开罗就湿度不足，降雨量只有海岸的1/6。气候干旱，因而

---

① 国际园景建筑家联合会1954年在维也纳召开第四次大会。英国造园学家杰利科（G. A. Jellicoe）在致辞中说，世界造园史三大派是中国、西亚和古希腊。

重视林荫。公元前3500—前500年，尼罗河谷园艺发达。划建周垣，培育植物，主要工具是作为灌溉机械的桔槔（图1）。本来有实用意义的树木园、葡萄园、蔬菜园，到公元前16世纪演变为埃及祭司重臣们享乐审美的私园。现在，埃及公元前1375—前1253年间古墓壁画上，仍可看到园庭的方直平面布置。

4. 荷马咏园

公元前9世纪希腊盲人诗人荷马[①]歌咏在他生前400年时期的希腊园庭。

5. 悬空园

周边围篱，生产菜蔬，还有终年叶绿花开、结实累累的植物，配以喷泉，面积有的大到15000～16000平方米。传说公元前7世纪巴比伦悬空园[②]（图2），是历史上第一名园，被列为

---

① 相传公元前9世纪希腊人荷马（Homer）留下来两部史诗（或大部分属于他所作）。

② 悬空园（Hanging Garden）是巴比伦王尼布加尼撒二世（NebuchadnezzarⅡ，公元前605—前562年在位）所造。巴比伦是平原国家。王为娱其来自山国王后阿米娣斯（Amytis）而修筑层园。据推测是每边120米，高23米，面积1. 6公顷方形，用一系列筒形石拱砌成，上铺厚土，移栽22米高大树，用幼发拉底河水由龙尾车引水上升浇灌。一说是由人工扛水经由暗藏扶梯爬到园顶洒水。

图1　埃及古代灌园桔槔

图2　巴比伦悬空园复原示意图

世界七奇之一。

二、波斯

西亚造园始自古波斯，由猎兽的囿，逐渐演进为游乐的园。波斯是名花异卉发育最早的地方，以后再传播到世界各处[①]。

6. 天堂园

公元前5世纪的波斯“天堂园”（Paradise Garden），四面有墙，这与埃及和荷马所咏希腊园庭一样，墙的作用是和外面隔绝[②]，便于把天然与人为的界限划清。这时希腊就有关于天堂园的记载。从8世纪被伊斯兰教徒征服后，波斯庭园开始把平面布置成方形“田”字，用纵横轴线分作四区，十字林荫路交叉处设中心水池，以象征天堂。

---

① 这论点出自法国近代园艺学家弗赖士替尔（Jean C. N. Forestier，1861—1930），他和阿勒采同时被委派负责巴黎市区绿化工作。

② 中国“园”字外围是“口”，也具同义。《初学记》：有藩曰园，藩篱也。

7. 水法

在西亚这块干旱地区，水一向是庭园的生命；到8世纪阿拉伯帝国时代，阿拉伯人征服波斯，承袭波斯造园艺术；由于处在相似自然条件地区，更把水当作伊斯兰教园的灵魂。水法和造园法又随伊斯兰教军事远征而传入北非和西班牙以及13世纪的印度西北部和克什米尔。所有伊斯兰教地区，对水都爱惜、敬仰甚至神化，使水在园内尽量发挥作用。点点滴滴，蓄聚盆池，再穿地道或明沟以延伸到每条植物根株，这在任何伊斯兰教园都无例外。伊斯兰教水法传入意大利后，更演进到神奇鬼工地步，每处庄园都有水法的充分表演，并成为欧洲园林所必不可少的点缀。

三、西班牙

从6世纪起，西班牙有希腊移民，以后又是罗马属地，造园仿罗马中庭样式。8世纪被阿拉伯人征服后，又接受伊斯兰教造园传统，承袭巴格达、大马士革作风。今天，科尔多瓦（Gordova）还保存着976年所建礼拜寺园，是欧洲现存最古的礼拜寺园。

8. 红堡园

稍迟，在格拉纳达（Granada）城边。有14世纪前后兴造的“红堡”园（Alhambra）①（图3），经营百年，由大小6个庭院和7个厅堂组成，以1377年所造“狮庭”最称精美（图4）。庭中只有橘树，用十字形水渠象征天堂，中心喷泉的下面由12石狮圈成一周，作为底座，因此以狮名庭。各庭之间以洞门联系互通，隔以漏窗，可由一院窥见邻院。这种扩大空间的手法，在中国园林中更是常见。在“红堡”园内，几乎感受不到伊斯兰教凛然不可犯的气氛；尽管布局工整严谨，而幽闲静穆，倒与中国古典园林近似。植物种类不多，仅有松柏、石榴、玉兰、月桂，杂以香花。建筑物色彩丰富，装饰以抹灰刻花做底，染成红蓝金墨，间以砖石贴面，夹配瓷砖，嵌饰阿拉伯文字。伊斯兰教园庭雕饰色调与花木明暗对比强烈，具独特风格。由于气候干燥，草坪花坛不易培植，西班牙伊斯兰教园遂代之以五色石子铺地。

---

① 红堡园（Alhambra）墙堡用红土夯成，是伊斯兰教统治者阿玛尔（Al Ahmar）所开始经营，修建期在1248—1354年间。伊斯兰教王朝被逐出西班牙后，园既失修，又遭拆改；19世纪初复受震灾，到世纪末才修理复原。第二次世界大战前后，园又颓败不堪。现已重修完整。

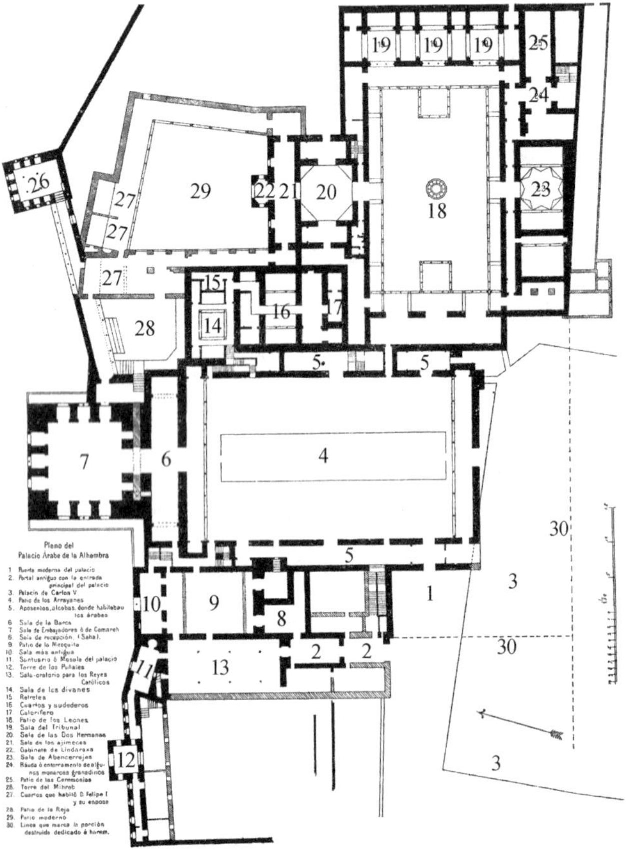
Plano del
Palacio Árabe de la Alhembra
1 Puerta moderna del palacio
2. Portal antiguo con la entrada principal del palacio
3. Palacio de Carlos V
4. Patio de los Arrayanes
5. Aposentos, alcobas, donde habitebau los árabes
6 Sala de la Barca
7 Sala de Embajadores ó de Comareh
6. Sala de recepción. (Saha).
9 Patio de la Mezquita
10 Sala más antigua
11. Santuario ó Mosala del palacio
12. Torre de los Puñales
13. Sala-oratorio para los Reyes Católicos
14. Sala de los divanes
15 Retretes
16 Cuartos y sudederos
17 Calorifero
18. Patio de los Leones
19. Sala del Iribunal
20. Sala de las Dos Hermanas
21. Sala de los ajimeces
22. Gabinete de Lindaraxa
23. Sala de Abencerrajes
24. Ráuda ó enterramento de algunos monarcas granadinos
25. Patio de las Ceremonias
2B. Torre del Mihrab
27. Cuartos que habitó D. Felipe I y su esposa
28. Patio de la Reja
29. Patio moderno
30. Linea que marca la porción destruida dedicado á harem.

图3　红堡园平面

图4　红堡园狮庭

9. 园丁园

这种做法在离“红堡”园东南200米的另一伊斯兰教“园丁园”（Generalife）[①]（图5），有明显的例子。把此园铺地纹样（图6）与中国园林中的花街相对照，神情面貌何等相似！15世纪末，西班牙人推翻阿拉伯统治。嗣后，效法荷兰、英国、法国造园艺术，推广水法、绿化，贵族开始兴造私园；伊斯兰教与意大利文艺复兴风格结成一体。御园则抄袭凡尔赛宫，随即转化到巴洛克式。西班牙造园艺术影响墨西哥以至美国加州。由于国内有时发生动乱，历史上西班牙园林遗迹不如邻邦葡萄牙保存的多。

---

① 园丁园（Generalife）13世纪末由伊斯兰教统治者所造，14世纪初扩充。高低7层，每层平台有形式不同喷泉。层台和水法为以后罗马埃士特庄园提供蓝本。西班牙塞维利亚城（Seville）今仍存12世纪建造的喀札尔（Al Gazar）伊斯兰教园。此园和官殿1350年后已扩建修改，始终保持伊斯兰教风格。

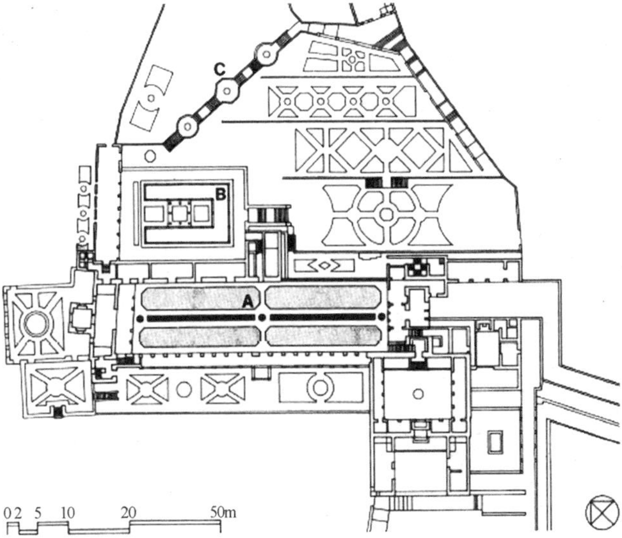

图5　园丁园平面、立面图

图6　园丁园石子铺地

四、希腊

10. 柱廊园

公元前5世纪希腊解除波斯侵略威胁之后，逐渐有人渡海东游，从波斯学到西亚造园艺术，把果蔬园进一步建成装饰性园庭，施以花木栽培，终于发展成为住宅内规则方整柱廊园

（Peristyle）形式，把欧洲与西亚两造园系统联系起来。公元前3世纪希腊哲学家伊壁鸠鲁（Epicurus，前341—前270）筑园于雅典，作为自从荷马史诗传奇式园庭与巴比伦悬空园以后，历史上最早的文人园。伊壁鸠鲁就在此园内对男女门徒讲学。希腊造园不似波斯在布局基础上结合自然，而是整理自然，使之有序。雅典园中植物，早在荷马时代，就有他所吟咏的梨树、栗树、苹果、葡萄、无花果、石榴以及惯见的橄榄树。

公元前7世纪意大利南部海滨那不勒斯（Naples）附近出现城市。其中庞贝（Pompeii）和赫库兰尼姆（Herculaneum）两地于公元前6世纪有希腊人落户，迅即据有那不勒斯湾，是当时希腊文明前哨。庞贝在公元前3世纪作为罗马属地，发展成为商业城市，有居民两万，其中不少是从罗马来此退隐闲居的豪富文人。79年两城为爆发的火山岩浆和飞灰所覆灭，1748年才被发掘而重见天日，这对于了解古罗马人民生活习惯和住宅布局有极大帮助。据目前发掘所知，庞贝除少数例外，每家都有园庭。园在居室围绕的中心，而不在居室一边，即所称柱廊园（图7右下）。这是继承希腊传来的庭园形式；一些家庭后院还有果蔬园。柱廊园的明显轴线，把四面柱廊以内的居室和绿化部分串联在一起。廊内壁画描绘林泉花鸟，代替真实尺度，造成幻觉，远望可得空间扩大效果。园内种植葡萄和花

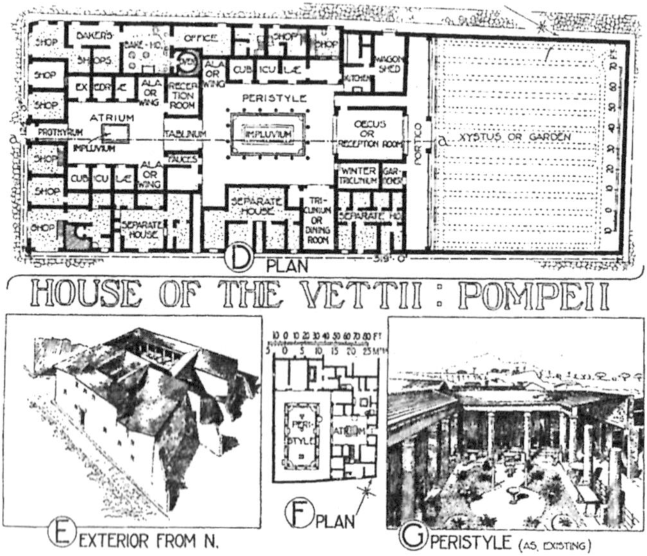

图7　柱廊园和绿廊

树，配置喷泉雕像。有的在柱廊园以外，设林荫行道小院，称为绿廊（Xystus）（图7右上），面积占全部宅地的1/3。

五、罗马

希腊造园艺术被罗马所继承，再添些西亚因素逐渐发展成为大规模园庭。

11. 哈德良山庄

2世纪哈德良大帝（Hadrian，117—138年在位）在罗马东郊蒂沃利（Tivoli）于117年始建的山庄（图8），广袤18平方公里，由一系列馆阁庭院组成，用为施政中心。除御用起居建筑以外，还有层台柱廊、剧场浴堂和健身房，其中某些建筑是仿效此皇帝巡幸帝国全疆所见异境名迹，归来后起造的。这山庄作为历史上首次出现的最大规模建筑群，俨然是小城市，堪称“小罗马”。

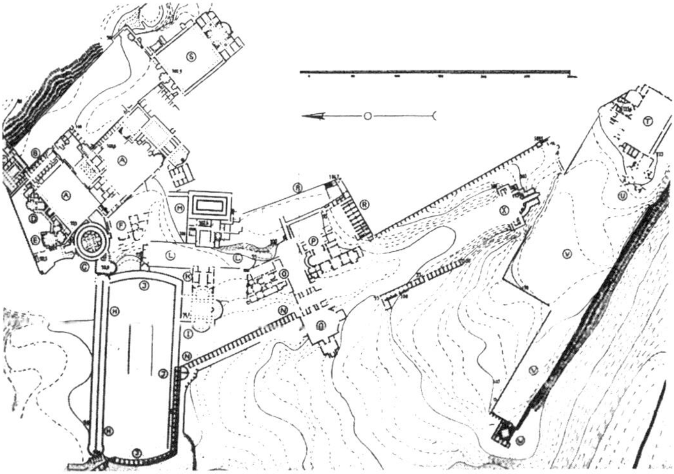

图8　罗马哈德良山庄总平面图

12.《林泉杂记》

公元前40年考勒米拉（Lucius Junius Moderatus Columella）著《林泉杂记》（*De Re Rustica*），第十二卷叙述当时园庭概况。罗马大演说家西塞罗（Marcus Tullius Cicero，前106—前43）的两处有名私园，一在罗马南郊海滨，另一在东南郊。此外，又有罗马学者普林尼（Gaius Plinius Caecilius Secundus，61—113）在罗林（Laurentinum）的别业，都是著称的文人园。

13. 绿化装饰

这时已出现绿化装饰，如花坛（Parterre）、剪树（Topiary）和迷阵①。这些绿化点缀一直延续下来，在西方古典园林中是常见的。罗马帝国造园到5世纪达极盛时期。408

① 剪树是把黄杨枝叶，修削成绿篱或几何形体以至鸟兽。迷阵（Maze和Labyrinth）是绿篱划隔的回纹狭路，使进入的游人循路曲折摸索，有时误入死胡同，易进难出，以为戏乐。这起源于公元前17世纪地中海克里特岛（Crete）王朝迷宫。北京西郊长春园北端“西洋楼”花园中今仍存迷阵遗迹。原用1.5米青砖矮墙分隔为曲折小径，墙顶列置花盆，以代绿篱。西洋楼花园中也有简易花坛和修剪。明代画家沈周（1427—1509）《东庄图》中“耕息轩”围墙外有一种修剪方整树丛，有如屏障。日本冈山县赖久寺有远州1604年所作各式剪树，称“大刈込”（图9），此实物与“耕息轩”画景都无鸟兽形状。荷兰人1600年始至日本，可能带入剪树做法。

图9　冈山县赖久寺大刈达

年北方异族侵入意大利时，罗马城区附有大小园庭的第宅多达1780所，实古今所少见①。

14. 修道院寺园

500—1300年间，欧洲处于黑暗时代，只靠修道院维系一线光明。十字军东征带回东方植物品种和伊斯兰教造园艺术。修

① 这些罗马城市庭园一般只有客厅大小。7世纪以后，伊斯兰教统治西班牙时期，南方建有大小花园5万处，创历史最高纪录。

道院方庭栽植玫瑰、紫罗兰、金盏草以及药草菜蔬[①]，四周绕以传统罗马柱廊，从而奠定修道院“寺园”（Cloister Garth）形式。13世纪末文艺复兴前夕，克里申吉（Pietro Crescenzi）著有关园林文献《田园考》（*Opus Ruralium Commodorum*），于1471年在罗马印行，随又译成法、德文出版。书中载有王侯贵族园庭的花木厅堂布置描写，并铺陈理论。佛罗伦萨城是文艺复兴策源地，由于工商业发达而产生巨商富贾，导致文学艺术飞跃进步，引起一批养尊处优并具闲情逸致的人爱好自然，追求田园趣味。

15. 庄园

14世纪意大利人薄伽丘（Giovanni Boccaccio，1313—1375）所著《十日谈》（*Decameron*），其中第三日对话人物就是以“帕勒米利”庄园（Villa Palmieri）为居停背景。书中对当时别庄生活以及池泉花木，描绘不厌其烦。佛罗伦萨建筑家阿尔伯蒂（Leon Battista Alberti，1404—1472）于1450年写成《厦经》（*De Re Aedificatoria*），其中第九章载有关于园地花木岩穴苑路布置，为造园学提供理论根据。由于文学家歌咏自

① 寺园以种药为主，修道士经常用16种草药炮制水剂医治病人。

然，科学家收集植物标本，又新添哥伦布发现美洲后的新大陆药草，在日益增长的经济刺激中，以往的蔬菜园及城堡小块绿地转瞬间演变成大规模园林别庄，从15世纪开始在意大利源源涌现。

16. 文艺复兴庄园

佛罗伦萨的波波利御园[①]（图10、图11）是意大利北方第一名园。至于罗马郊区庄园，则集中在蒂沃利（Tivoli）。最为人所艳称的是艾斯泰庄园[②]（1720—1778）（图12A、图12B），筑在山坡，上下高差48米，分为8层，重台叠馆，连以石阶或土坡；古木繁荫，池泉流涌，游人登降顾盼，有人间异

---

① 波波利御园（Reale Giardino di Boboli）在佛罗伦萨西南比提宫（Palazzo Pitti）后院，筑在山坡，土地原属波波利家族，1441年开始营园，到1550年由美第奇（Medici）家族委派特律保罗（Tribolo）规划布置，后又扩充。园据全城之胜，可居高俯览主要建筑名迹，是借景园佳构。除雕像喷泉，又有池塘岩穴，为意大利北方第一名园。

② 艾斯泰庄园（Villa d'Este），1550年大主教艾斯泰（Ipolito d'Este）兴建，由李高流（Pirro Ligorio，1513/1514—1583）规划，水法由欧利维利（Orazio Olivieri）主持。最高一台有4层杰阁。阁旁引入阿涅内河（Anio）水层层下泻，分注于各式泉池，汇为水法大观。最有名的水风琴（即1623年意大利天主教士艾儒略《职方外纪》所指“编箫，但置水中，机动则鸣，其音甚妙”），现久已失灵。大圆石梯平台上层有“百泉径”，西望仿古废墟十景。正门在最下一层，离入口不远有丝柏4棵，高各63米，为仰观远景衬出绝妙画面。

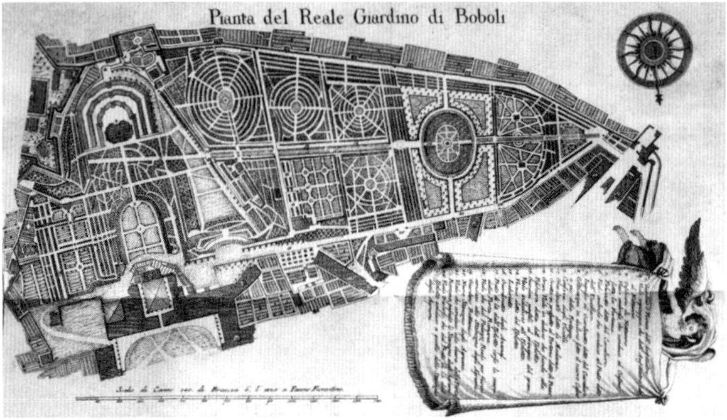

图10　波波利御园总平面图

图11　波波利御园借景

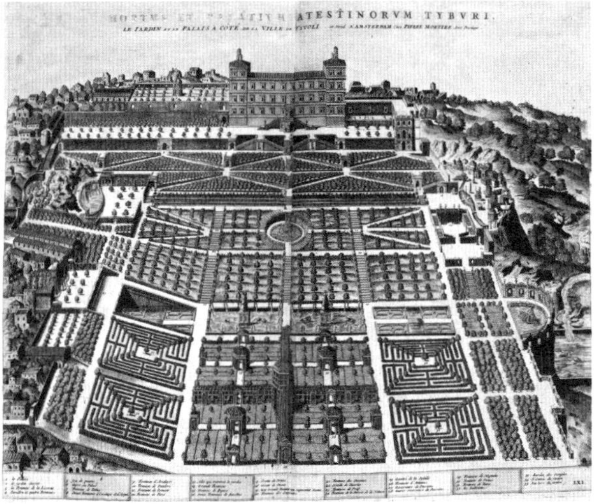

图12A　艾斯泰庄园全图

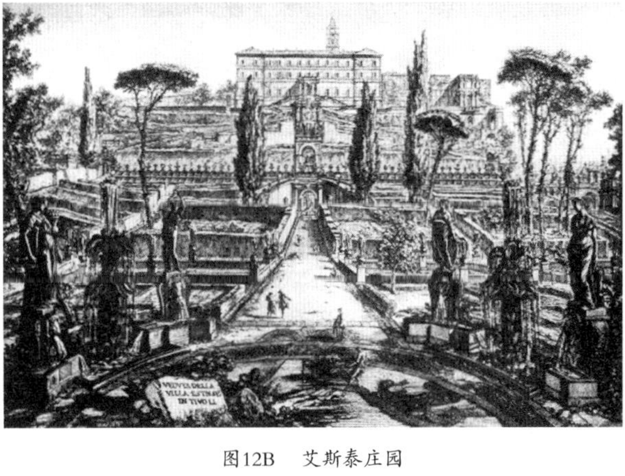

图12B　艾斯泰庄园

境之感。卵石铺地做法（图13）受西班牙伊斯兰教园影响，又近似中国园林花街。罗马古典名园三四十所，都是文艺复兴时期园林，作为当年富绅贵显的别庄，有的还具备农产加工，提供退隐、休沐、燕聚亲朋的安逸生活环境。规划特点是尽可能结合山势，居高临下，引山上溪流下泻，利用伊斯兰教传来的水法技术，配置喷泉潭池。主要目的是纳凉。除用大量绿荫以利遮阳，还靠池泉起降温作用。水法多种多样，有雕像装饰的喷泉池沼，有随阶降泻的叠瀑与水扶梯（图14），以及水剧场[①]、水花坛。花卉只栽在亭馆附近，供坐谈者观赏，稍远则种些修剪植物。有些庄园只赖四季常青林木而全不栽花。意大利庄园突出表现人工安排，园内方正端整，与园外疏落自如天然环境判若两个世界，无处不显示人类征服自然的成就，说明资本主义正在发芽扎根，物质文明统治一切的开始，17世纪文艺复兴巴洛克式无限天地庭园而达登峰造极境界。意大利帕多瓦大学（University of Padua）于1535年设植物专业科，10年后布置植物园，作为欧洲首次研究收集植物学府。

① 水扶梯在中国一例见长春园海晏堂西面大扶梯扶手墙顶水槽（图20）。水剧场利用水力产生演剧效果，例如在舞台壁后设储水装置，通过机转发出风雨雷鸣鸟兽之音。凡尔赛水剧场则利用树丛枝干，喷水柱群，配合石级叠瀑，汇成池沼。

图13　艾斯泰庄园铺地

图14　罗马兰台庄园（Villa Lante）水扶梯

六、法国

17. 法国宫园

法国度过中古黑暗时代，15世纪中叶逐出英国侵略军，于世纪末由法国查理八世侵入意大利后，带回园丁，为仿造意大利庄园做准备。继位的一些国王陆续进兵意大利，尽管始终未达到军事征服目的，但却成功地把文艺复兴文化包括造园艺术引入法国，先后在巴黎南郊建枫丹白露宫园[①]和市内卢森堡宫园[②]。前者特点是位于大片森林中心，后者不但是市区核心难得的宽阔绿化面积，也是历史上诗人艺术家游息之所。

---

① 枫丹白露宫园（Fontainebleau）乃法王弗朗索瓦一世（Francois I，1515—1547年在位）所建，首次把意大利造园艺术输入法国。宫园满布渠沼喷泉雕像，位于大片森林中，森林面积16800公顷，周边90公里，广袤仅次于凡尔赛。

② 卢森堡宫园（Luxambourg），法国亨利四世王后玛丽（Marie de Medici，1573—1642）所造。建筑与园艺设计都由布劳斯（Solomon de Brosse）负责，园庭面积25公顷，无强烈轴线对称，是首次具有法国风格御园。卢森堡宫是今天上议院所在。

18. 凡尔赛

法国自然条件虽不如意大利有山势结合水源的方便，但气候温润，适合花木滋长，平畴大泽，素波倒影，又是意大利所难比拟。闻名世界最大宫园是巴黎西南的凡尔赛①（图15、图16），由法王路易十四（1643—1715年在位）于1661年开始经营，到路易十五（1715—1774年在位）王朝才全部告成，历时百年，包括宫殿园林与凡尔赛城区，是几代法王行政与生活中心，面积达16平方公里。

19. 勒诺特尔

全园规划由勒诺特尔主持（André le Nôtre，1613—1700）；

---

① 凡尔赛宫园（Versailles），法王路易十四财政大臣富凯（Nicolas Fouquet）既称理财能手，又有助文化事业，资助一批文学家使之成名，但由于追求享受，过分奢侈，兴建"沃园"（Vauxle-Vicomte）耗时10年，强占土地，生活豪华，势倾人主，为国王所嫉，后被捕下狱，园产充公。路易十四为沃园所激励而决心建凡尔赛宫园。本来，沃园是勒诺特尔所规划，于是就奉委负凡尔赛园工全责，宫殿建筑则由曼沙尔（Jules Hardouin Mansard）设计。勒诺特尔出身园师家庭，学过绘画，又到意大利游学，因之深受文艺复兴影响，尤喜画家劳伦作品。除耗毕生精力于凡尔赛，他又为法国贵显造私园不下百所。他善于把园地和建筑结成一体，又成功地使其反映主人性格。他始终受国王宠信不衰，博得"王之园师，园师之王"美称。

图15　凡尔赛宫园总平面图

图16　凡尔赛宫园鸟瞰

水工归弗兰善兄弟两人（Francois & Pierre De Francinè）负责。凡尔赛全部面积是当时巴黎市区的1/4。园的中轴长3公里，与在高坡上长400米的宫殿主楼垂直联系。中轴的一半是十字形水渠，中轴两侧分布对称的花坛喷泉、池沼雕像。喷泉本来多达1400座，今存607座；其数量之多，分散之广，使水量消耗无法满足，尽管工程专家挖空心思，做多次尝试，最后仍难达到全部喷水不停的宏愿[①]。园内一系列对景安排、宽敞空间、用斜坡代替石阶，以及巧妙细部的经营位置，冲破意大利约束形式，开展成法兰西独特简洁豪放风格。园周不设围墙，使园内绿化冲出界限，与田野打成一片，是巴洛克造园取得无限感的手法。凡尔赛可同时容纳2万人。路易十四经常有侍从一万，食客五千，厩内养马2500匹。这样大空间，若没有足够人群活动，会令人感到荒凉冷落，就全靠路易王朝无数男女侍从，权贵公卿，来充实每一角落。他们以凡尔赛为家，食宿供职地点都有安排，既不乏大庭广众公开活动地方，又有幽堂密室供谈情斗智。淫逸奢侈生活和一般平民对比之下，以

---

① 对任何园林，尤其文艺复兴与巴洛克式，充足水源是不可缺的因素。当凡尔赛选址时，财政大臣柯尔伯（Jean Baptist Colbart）就认为地点无水源保证，不同意修建。勒诺特尔游罗马时，教皇英诺森十一世展阅凡尔赛园图，就指出如许喷泉非有江河供水实难满足需要，当时园工已竣，勒诺特尔在这方面不是无可非议的，凡尔赛水源是几经周折而仍难解的问题。路易十四驻园，侍从们生活用水都只限每人一小盆重复使用。最初设想在附近引地下水通过管道注入水库，但只获少量供应，仅仅在国王游园时，用流动水泵输进眼前喷泉，俾能喷水。1666年后，决定仰赖河川，但附近的塞纳河不堪胜任。又设想利用比夫尔河（Bievre）甚至卢瓦尔河（Loirei），而最现实还是引厄尔河水（Eure）。这河在凡尔赛西，是塞纳河支流，1685年动工，由3000名士兵挖掘沟渠，夜以继日，患疟和疲劳致死者甚多，到1688年因战争而停顿。随后又计划凡尔赛以北有机械设备的马尔来（Marly）接水，也不敷用。最后，到19世纪，在凡尔赛西南48公里高原，取得水源，引入凡尔赛水泵楼，使问题基本解决，但仍不足以提供昼夜不停喷水之用。这是规划之始所未预见。

及消耗全国赋税六成充营建费用，其结局就是百年后大革命的爆发，正如人们所说，“凡尔赛的绚丽，流自法国人民的鲜血”。路易十四称霸全欧，凡尔赛宫正中二层楼是他的卧室。由于争取这最主要位置，甚至教堂也迁址到一侧。这卧室既是园林主轴一端，又面对通向巴黎3条放射大道。整个凡尔赛宫园和市区布置，无处不体现王权至高无上。凡尔赛宫闻名远近，德国一些封建统治者，既已尽力仿造意大利庄园又竞相效法凡尔赛。全世界专制统治者都艳羡凡尔赛，竞相模拟，不甘落后，如沙俄彼得夏宫[①]（图17），柏林波茨坦无愁宫[②]（图18），维也纳绚波轮宫园[③]（图19），甚至北京长

---

① 彼得夏宫（Peterhof）在彼得堡（列宁格勒）郊区。彼得大帝游巴黎时，惊叹凡尔赛的轮奂豪华而思仿造，以致夜不能寐，终于在1711年修建夏宫，由勒诺特尔门徒法国造园家勒·布朗（Alexandre Le Blond，1679—1719）规划。勒·布朗曾用笔名Antoine Joseph Dezallier d'Argenville，著《造园理论与实践》（*La Théorie et La Pratique du Jardinage*），1709年出版。夏宫于第二次世界大战时被纳粹军队破坏，战后又全部修复。

② 无愁宫（Sans Souci）在东柏林波茨坦。普鲁士王腓特烈大帝（1740—1786年在位）所建。造园由克诺柏士道夫（Von Knobelsdorff）规划，1747年完成。

③ 绚波轮宫园（Schönbrunn）即维也纳夏宫（美泉宫），在16世纪开始经营基础上，由奥地利皇弗兰茨一世在1693年开始扩建，经玛利亚皇后（Maria Theresa，1717—1780）完成。全园为厄尔拉赫（Fischer Von Erlach）所规划，有显著法兰西、意大利影响，首次用英国发明的蒸汽机泵运转喷泉。

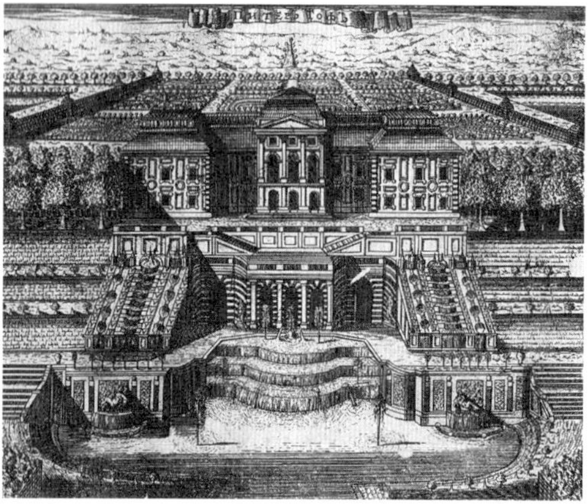

图17　彼得夏宫

图18　柏林波茨坦无愁宫园

图19　维也纳绚波轮宫园，1893年

图20　北京长春园海晏堂（版画）

春园的“西洋楼”[①]（图20），都是凡尔赛缩影。

20. 巴黎公园

巴黎还有供劳动群众游息的东郊“万桑”林苑（Bois de Vincennes）以及供权贵富豪流连的西郊“圃龙”（Bois de Boulogne）林苑。两处面积已各扩大到八九百公顷，号称“巴黎两肺”，连同重新改善在巴黎中央和南北三面一些公园，原是1853—1891年间巴黎市长奥斯曼（Georges-Eugène Haussmann，1809—1891）改建首都时所拓辟；再加瓦窑园（Jardin des Tuileries），香榭丽舍林荫大道等绿化点缀。他委派阿勒芳（Jean Alphand，1817—1891）为园艺技师（Jardinier Enginieur），主持园路和绿化规划。当年巴黎新开各干道两侧建筑工程完毕，几天之内便栽满行道树。超过30年老树是用迁树机（图21），把树连根吊离原位再搬走移植路旁。英国园艺家罗宾森（W. Robinson）在1869年著《巴黎游息园地记》

---

① 北京西郊长春园“西洋楼”，清高宗时建。1747年高宗命法国天主教士蒋友仁（P. Michael Benoist，1715—1774）在圆明园东长春园北端，兴造一系列洛可可式西洋建筑，规划绿化，兼布置水法，把玉泉山的水由西墙引入，用龙尾车在蓄水楼扭转上达“锡海”大水箱，然后下注铜管导入各处喷泉，蔚为欧式园庭首次在亚洲出现的大观。1860年英法联军入侵北京，纵火焚圆明园，连同西洋建筑同为灰烬。

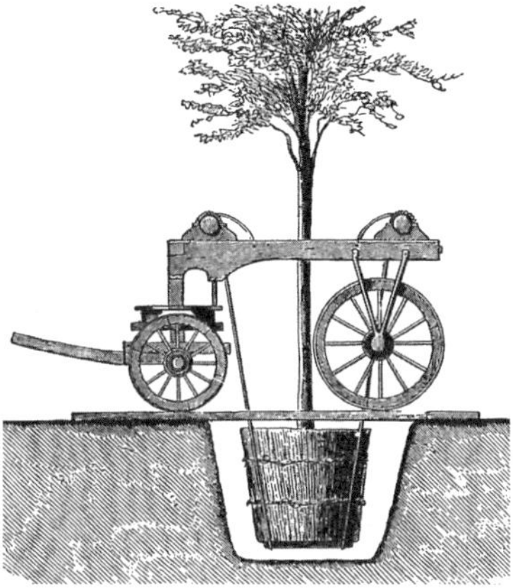

图21　迁树机

（*The Parks Promenades & Gardens of Paris*），叙述他目睹的清新美丽巴黎街道，赞羡绿化广场内漫步或安坐的市民。本来作为绿化榜样的是英国风景园与公园，而这时趋赴已成为闻名世界的巴黎林荫取经者正是一批英国人。

十、英国

21. 汉普敦宫园

英国在5世纪以前，作为罗马帝国属地，萌芽的园庭脱离不了罗马殖民方式。欧洲黑暗时代，首见载籍的12世纪英国修道院寺园，到13世纪演变为装饰性园庭，以后才出现贵族私园。由于外族入侵与内战威胁逐渐减少，乡村安全到可以园居的时刻，园林就由村野发展到城市，如伦敦的御苑以及各地封建统治者园庭。文艺复兴早期仍然模仿意大利作风；但雕像喷泉的华丽、谨严的布置，不久就被本土古拙淳朴风格所冲淡。16世纪的汉普敦宫园①（图22、图23），本来用意大利作风点缀中古情调，到17世纪又增添文艺复兴布置，18世纪再改成荷兰风格绿化。这宫园原是大主教伍勒赛（Thomas Wolsey，1473—1530）经营的私产，面积800多公顷，在伦敦北19公里，临泰晤士河北岸，并不具有森严谨肃气魄而更接近于淳朴率真。由于英国气候温润，大体上顺花木自然滋长，反较有规律的修整能有更满意效果。

22. 英华园庭

法国意大利规则式园林需经常剪修锄刈，几何形式机械性布局也易感拘束单调。正因如此，18世纪中叶以后，中国造园

① 汉普敦宫园（Hampton Court Palace）是伍勒赛1515年所造私园，10年后献予英王亨利八世。王又于1533年添建“秘苑”（Privy Garden），满园栽花，为意大利、法国所难以比拟。威廉三世（1689—1702）又引进故乡荷兰风味。宫殿之北有迷阵一所。

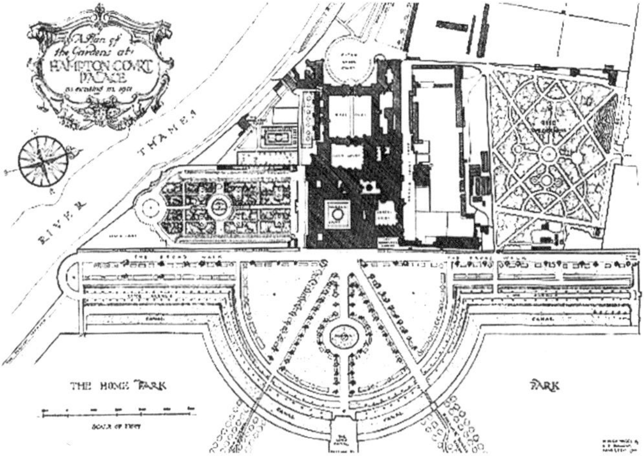

图22　汉普敦宫园全貌

图23　汉普敦宫园鸟瞰图

图24　英国人印象中的广州私园

图25　普桑风景画

艺术遂被英国引进，趋向自然作风，形成法国所称“英华园庭”[①]。

23. 诗文绘画与风景园

同时，自然作风本来就和欧洲绘画与英国文学互相感应联系，如17世纪英国旅游家所欣赏的风景画，画家有法国普桑（Nicolas Poussin，1594—1665）（图25）、劳伦（Claude Lorrain，1600—1682）和意大利的罗沙（Salvator Rosa，1615—1673）。英国散文家与诗人歌颂自然，认为抛弃轴线对称就表现自然主义；应运而兴的画家肯特（William Kent，1685—1748），继承由规则过渡到自然风格的园师威斯（Wise）与布里基曼（Bridgeman），深受普桑和劳伦影响，运用英国山水

---

①《英华园庭》（*Jardin Anglo-Chinois*）一书是法国人勒鲁治（Georges Louis Le Rouge）所著，1774年刊于巴黎。此前，英国人钱伯斯（William Chambers，1723—1796）于1742年随东印度公司货船到广州，游览园林并研究建筑。接着，法国驻北京天主教士王致诚（P. Jean-Denis Attiret，1702—1768）1743年由北京致巴黎友人函中描述圆明园奇妙景物，誉之为“万园之园，惟此独冠”（Le Jardin des Jardins，ou le Jardin par excellence），这就启欧洲对东方园庭由好奇而感兴趣之端。钱伯斯1772年著《东方园论》（*A Disertation on Oriental Gardening*），作为目睹中国园林（图24想即当时欧人对华南园林印象）的第一个英国人而掀起英国造园艺术革命。法国人把中国园林和英国新兴自然作风对照，而发现两者在风格上东西呼应，如出一辙。勒鲁治这著作问世以后，“英华园庭”这词就传开了。

树石创造园景构图。18世纪英国风景园以池、桥、假山、石洞废墟，形成对景等手法，似漫不经意地搬出一番天地，可以萨里（Surrey）地区之百荫山庄（Pains Hill）内景物（图26）为例。园主当时结合地势，经营位置，以法国意大利风景画为蓝本，构成林泉胜境，杂以仿古残迹，甚至叠一座仿湖石券门；而这券门在南京灵谷寺志公堂今天仍可见前庭屹立的孪生兄弟（图27），真令人目瞪口呆！直到19世纪，仍有风景园的尝试游戏，如英国中部现存毕达福农庄（Biddulph Grange）（图28），是英华园庭一完整实例。

图26　英国萨里百荫山庄松石券门

图27　南京灵谷寺志公堂前湖石券门

图28　英国毕达福农庄桥亭

24. 布朗

在肯特之后，他的门徒布朗（Lancelot Brown，1716—1783）的成就，达到风景园理想水平。他摈弃花卉，避免利用建筑点缀，只铺设大片草坪，配置一簇簇林木，形成天然般景物，用少量水流创出长江大河幻觉。园周掘一条干沟式“隐垣”①而不砌界墙。不论在什么地方，他都认为“颇有可为”，有一番做法，从而博得“可为布朗”（Capability Brown）称号。这位园师兼建筑家既是创新者又是改良家，善于把他人完成的风景园加以“改进”而被称为改良者（Brown the Improver）（图29）。但他的大刀阔斧作风也引起些不必要的破坏。布朗尸骨未寒，就出现否定“园宜入画”的论点。他的门徒赖普敦（Humphrey Repton，1752—1818）虽仍着眼于风景构图，但却有意不把园与画等量齐观，深知由于视点、视野、时间等差异，自然风景与画面有本质不同。从19世纪开始，古典园林又在英国重新抬头，但主要方面是对伦敦几个大公园的改建，发扬植物学新生知识，栽培做到多种多样，富有

① 隐垣名Ha-ha，本布利吉曼（Charles Bridgeman）所发明，意即游者到此不得跨越，因被阻而大笑两声。

图29 英国克莱尔茫园（Clarenont）本是肯特所规划，又由布朗加以“改进”，园内主楼也是布朗所设计

园艺情调作风，以杰基尔（Gertrude Jekyll，1843—1932）为出色代表。

八、欧洲大陆

25. 中国影响

德国有些进步封建主步英国风景园之后，开始在园内修造中国宝塔、茶亭。法国也建起“英式园庭”（Jardin

Anglais）[1]。波兰王（Stanisław August，1732—1798，1764—1795年在位）建中国桥于华沙拉真克御园（Łazienki Parki）[2]（图30）。法国贵族吉拉丹（Réne de Girardin，1735—1808）认为凡不能入画的园林都不值一顾。他在俄米浓维尔（Ermenoville）所建别墅就是请画家起稿，充满自然和浪漫气氛。在这以前，从17世纪中叶起，法国已开始接受

图30　华沙拉真克御园中国式亭桥

① 对法国人来说，英华园庭，英式园庭，并无严格区别；只要是由园式布置，园景又多少具有东方情调，就划归这类。

② 波兰国王奥古斯都在华沙的拉真克御园所建中国式亭桥（图30）。

中国影响。法国路易十四仿效南京琉璃塔[①]，于1670年在凡尔赛建造带有中国情调的“蓝白瓷宫”[②]。路易十五又在凡尔赛的“小翠雅浓宫”附近经营带英国田园风味的农舍，四周满布曲径溪流，王后戏扮农妇，操作田舍杂务为乐。仅巴黎地区就有具备中国式桥亭的园林20多所（图31）。一时相效成风，泛滥远达瑞典[③]（图32）；甚至曾作英国古典园庭范本的意大利，到18世纪初，罗马的“布尔基斯庄园”（Villa Borghese）也被划出一区交英国造园家穆尔（Jacob Moore）加以改造，使本来规则式平面布置变为随意安排的自然格局。德国16—17世纪师承荷兰，18世纪又抄袭法国豪华作风，但贵族穆斯考（Hermann Ludwig Heinrich Prince von Pückler-Muskau，1785—1871，诗人、交际家）为仰慕英

---

① 琉璃塔原在南京中华门外，明初1413—1432年间建，八角九层外嵌琉璃砖，每层夜间有油灯照明，由长江船上昼夜可以望塔，被西方列为世界七奇之一。1854年太平天国战争时被毁。

② 蓝白瓷宫（Trianon de Porcelaine）距凡尔赛宫主楼西1.5公里，路易十四所建以娱其宠幸蒙台斯班（Montespan）侯爵夫人，赐名“中国茶厅”（Trianon Teehaus a la Chinoise），外观仿琉璃塔风格，内部陈设中国式家具。1687年拆毁，改建为大翠雅浓宫（Grand Trianon）。维也纳的绚波轮一间客厅也于18世纪改用瓷砖装潢。

③ 瑞典首都在德劳特宁尔摩（Drottningholm）地区中国式园庭，1763年德国腓特烈大帝为在瑞典的弟妹所建。园庭布置按照波茨坦无愁宫做法。

图31　巴黎近郊贡内园（Bonneiles）华风木桥及亭

图32　斯德哥尔摩郊区德劳特宁尔摩中式园庭

国的赖普敦而仿建赖普敦所师承的布朗式风景园，其规模之大，致使穆斯考破产。直到18世纪末，造园理论受文学绘画控制，再加上新大陆的发现有助于植物知识扩展，欧洲造园史由于东方影响而展开新的一页，为期100多年。欧洲庄园使命，在罗马文人园及早期文艺复兴时代，只供清谈场合；法国巴洛克风格园林主要是发挥炫耀夸示；英国17世纪草木园纯为徘徊芳径而造。

26. 公园

由于社会阶级关系的变化，往日贵族富豪驰马行猎和游观的园地，逐渐被迫开放为公园，先供资产阶级享用，以后才对广大市民开放。17世纪，从英国首都开始，肯辛顿公园（Kensington Gardens）和圣詹姆斯公园（St. James Park）以及海德公园（Hyde Park）相继开放之后，到18世纪初，伦敦摄政园（Regent Park）奠定现代公园典型，随之法国和其他国家也群相仿效，到今天，已成为任何城市规划都必不可少的建设项目。哥伦布发现美洲，引起植物科研进展，又对绿化工作起推进作用。

九、美国

27. 威廉斯堡

从17世纪初，由英国移民到新大陆以迄美国独立以前，北美建筑和造园都遵照英国本土风格而被称为“殖民式”（Colonial）。在弗吉尼亚州人所熟知的威廉斯堡殖民总督府园（1926年私人捐助修复，面积70公顷）成于1706—1720年间，现作为名迹保存。独立之前，私园抄袭英国自然作风。

28. 唐宁

美国第一个近代造园家唐宁（Andrew Jackson Downing，1815—1852），生在布朗影响已濒于尾声时刻，接受布朗门徒赖普敦造园哲学，兼考虑到把美国方土气候放在首位，并从画家学到造园构图法则。1841年他著《风景园理论与实践概要》（*A Treatise on the Theory & Practice of Landscape Gardening*），以阐明赖普敦浪漫主义。1840年他主编《园艺家》（*Horticulturist*）期刊。1849年访英，游览自然园，以亲自体会其风格。

29. 奥姆斯特德

1850年前后他致力于首都华盛顿各大公共建筑物环境的绿化，这对美国造园界产生很大影响，唐宁继承者奥姆斯特德（Frederick Law Olmsted，1822—1903），也是赖普敦信徒，出生于农家，受过工程教育，青年时代作为水手曾随货船到过中国，1850年又步游英伦和欧陆，回国被委为纽约市中央公园[①]（图33）管理处处长。1860年他首创“园景建筑”（Landscape Architecture）一词，以取代赖普敦所习用的“风景园艺”（Landscape Gardening）。他又是造园职业化的首倡者；他在麻州所设造园事务所到今天仍由不止一代继承人维持下来。作为第一名“园景建筑家”（Landscape Architect），他的深远影响导致美国今日“园景建筑”专业处于世界领先地位。

① 纽约市中央公园（Central Park）面积344公顷，由奥姆斯特德与沃克斯（Calvert Vaux，1824—1895）合作规划，辟始于1858年，是美国都市公园创举；10多年后，美国大部分城市都兴建公园。纽约市中央公园为密集市民提供文体活动与休息地方，又造联系市区立体交叉多处，以避免园内散步人群受车辆干扰。

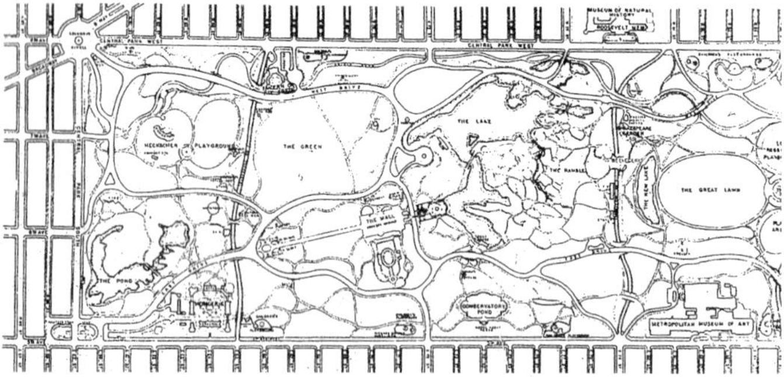

图33　纽约市中央公园

十、中国

中国有关园林最早记载，始见于殷、周之际的“囿”和《诗经》所咏的“园”，都在3000年前。那时园囿是栽种果蔬、捕猎禽兽有关生活的生产单位。春秋时（前722—前481）晋国鉏麑“触槐而死”，《家语》载“齐君为国，奢乎台榭，淫乎苑囿”，都说明当时不特国君有园亭之乐，即非士大夫之庭，其中也有树木，粗具绿化端倪。战国时王翦向秦始皇“请美田宅园池甚众，为子孙业”，更具体指出当时官僚地主园庭规模。帝王御苑，始自秦、汉“上林”。“苑”即早期所称的“囿”。汉武帝刘彻（前140—前

87年在位）使张骞通西域，初次可能由波斯地区输入外国植物。《三辅黄图》载“武帝初修上林苑，群臣远方各献名果异树……三千余种”，其中当包括西域植物如丁香、葡萄之类。帝王既然广营离宫别庄供个人享乐，贵族富民也群起仿效。西汉梁孝王刘武（公元前160年左右）以及茂陵（今陕西兴平县）巨富[①]袁广汉、知识分子董仲舒[②]都有私园。西晋石崇（300年左右）在河阳（今河南孟县）的金谷园，也是凭个人剥削来的财富经营的。这些园林全在北方。再过半世纪，苏州顾辟疆园是江南首次闻名的私园。六朝定都建康（今南京），每代都营建御苑。唐改都长安，公卿文人名园别墅又转而散布在长安、洛阳一带。

30. 辋川

最著称的文人园是长安东南35公里的辋川别业，原为唐诗人宋之问蓝田别墅，经诗画家王维（701—761）改建而成为最

---

①《三辅黄图》：“梁孝王好营宫室苑囿之乐，作曜华宫，筑兔园”（在今河南境内）。“茂陵富民袁广汉……于北邙山下筑园，东西四里，南北五里，激流水注其中。构石为山，高十余丈……奇树异草，靡不培植，……重阁修廊，行之移晷，不能遍也。广汉后有罪诛，没入为官园。”

② 西汉董仲舒下帷讲授，3年不窥园。

著称的规模最大的文人园。

31. 艮岳

11世纪起，北宋汴京（今开封）与洛阳“园林土木之工，盛冠古今”，以宋徽宗（赵佶，1101—1125年在位）经营的汴京“艮岳”最为有名。

32.《洛阳名园记》

李格非《洛阳名园记》列述二十余园，绝大部分属巨宦富室，其中有因唐旧，也有宋初所建而渐就倾圮的。从12世纪开始，建都今北京的辽金元明清各代都致力于西苑（今三海）建设，清初又在热河营避暑山庄①，清末则有北京颐和园。在江南，今天苏州有大小百余处私园，陆续开放，质量、数量上都

① 热河避暑山庄始建于清康熙四十二年（1703年），用5年时间，有36景。乾隆又加36景，至1790年经营完成。面积564公顷。有如意洲、水心榭、采菱渡及仿嘉兴南湖的烟雨楼等，万树园多榆兼有松柳。

图34　留园曲溪楼西面1935年实况

凌驾其他地区[1]。

33. 计成《园冶》

明末计成（1582—？）总结毕生造园实践，于1634年

[1] 苏州有肇自五代的钱氏金谷园，北宋时改为朱伯原的“乐圃”，即今天的环秀山庄；今沧浪亭是五代吴越孙承祐私园。南宋史正志的“渔隐”，入清改称网师园；元末画禅寺僧惟则所筑狮子林，叠石为山，历明代迄清初是寺园，旋为势家所占，辗转授受，持续到新中国成立以前，贝氏是最后园主，今仍完整。明嘉靖年间（1522—1566）王敬止始创拙政园，徐泰时建东园（今留园，图34）；明书画家文徵明作药圃，即今文衙弄艺圃；明吴氏复园是今怡园；明归氏园是今惠荫园即安徽会馆。苏州以外，在南京如明初始建的瞻园、煦园；明中叶开创的上海豫园和无锡寄畅园。以上各园，今皆存在，并经过修整保护。从以上的广州私园、苏州留园、北京谐趣园可看到由于不同地理位置而出现不同的3种风格。

著《园冶》一书，印行后远传日本，彼邦抄本题曰“夺天工”，足征评价之高，乃我国有关造园学唯一宝贵文献。书中于掇山一艺，言之特详。园林例有假山，或大或小。历代有些叠山名手，北魏茹皓、张伦，明朝陆叠山、计成以后，到清初又涌现一批山匠如张南垣（涟）、张然父子，以及仇好石、叶洮、戈裕良、张南阳等人，就中以张南垣、戈裕良尤为著称，两人与计成又都是杰出造园家。叠山乃中国园林特点之一，而石又是叠山主要材料。

34. 太湖石

在久远历史中，自从春秋时代，石就被某些人所偏爱①。到唐朝，太湖石由文人藏为几案之玩，或列置园墅中。白居易（772—846）所作《太湖石记》，称“石有聚族、太湖为甲……今公（指丞相牛僧孺）之所嗜者甲也”。唐僖宗时（873—888）孙位所画《高逸图》中，仅4个人物之间就点缀湖石两块。由此可以看出，显宦文人到这时已深染泉石膏肓之癖。宋朝“艮岳”，是历史上规模最大湖石山。石料采自

---

①《春秋》：朱国阙子，宋之愚人，得燕石于梧台之东，归而藏之，以为大宝。

苏州洞庭东山，由“花石纲”经运河舟载北达汴京。为搜求湖石，官府除召募潜水捞取，又强夺民间旧石，甚至不惜骚扰闾阎，道路侧目，激成民众起义反抗，太湖石也因此更身价十倍。园主为自抬声望，附庸风雅，就难免如《园冶》所说，“慕闻虚名，钻求旧石”，或与石为伍，称兄道友，成为病态。湖石体形有些特点，被古代文人据为品评标准，即透、漏、瘦、皱[①]。除观赏外，湖石也有实用价值，如明末有湖石叠观象台基[②]。1914年北京中山公园所建男女厕所入口用湖石作遮墙（图35），都是别出心裁的创作。湖石峰也和今天西方抽象雕刻类似（图36A、图36B），说明我国旧时代在欣赏抽象艺术，早于西方千余年。现代西方公园也有利用水泥抽象雕刻作为儿童游戏场设备用具（图37）。中国古典园林，面积不论大小，布局都遵循一定规律，用疏密相间、大小对比、迂回曲折、对景借景等手法。池馆桥亭假山花木安排，先经文人画家构思，通过匠氏在具体措施下劳

① 宋米芾《相石法》曰秀曰皱曰瘦曰透。明徐渭《法相石看活石》诗加一“活”字；陈眉公又加一“痴”字，多方描绘石的风格。

② 清末王韬著《瀛堧杂志》卷二载，上海豫园东邻潘恩故宅改为意大利天主教士利玛窦（Mathien Ricci）住所，有观星台，按邑志所载，台高二三丈，湖石叠成，玲珑极嵌空之致。石阶刻赤道及经纬度。乾隆间改为敬业书院时废之。

图35　北京中山公园

图36A　利普西茨（Lipchitz）
1944年所雕《天马》

图36B　苏州织造府太湖石

图37　斯德哥尔摩儿童乐园

动，使之实现；其经过往往是反复推敲，旷日持久，方能毕事。旧时代资产阶级既贪恋城市生活，又伪托寒素，向往山林野趣，逃避现实，充满矛盾。这在历来园林主人，都无例外。

中国园林植物品种，清初李笠翁（渔）分为木本、草本、藤本三大类，把最常见的举出70多种，其中多是有色有香。乾隆五十八年（1793年）英使马戛尔尼（George Macartney，1737—1806）聘华，随带园艺工人两名，选取中土花木；半世纪后，又有英国人福琼（Robert Fortune）来华收集植物，如垂柳、银杏、辛夷、紫藤、牡丹、菊与玫瑰，以充实英国所培育与日俱增的品种，伦敦丘园[①]在此前就已有植物11 000种。

① 丘园（Kew Gardens），1759年由英国太子王妃创建，到1789年已有植物五六千种；20年后又猛增数倍。

十一、日本

35. 苏我马子

中国造园艺术和其他文化以及文字很早就传播到朝鲜、日本、越南，其中如日本庭园在吸收中国传统以后，又独自演变成为一种特有风格。佛教于552年由中国经百济传入日本。隋唐之际，当日本在推古女皇二十年（613年），苏我马子从朝鲜到中国学造园法，而在日本建成第一所庭园；把中国两汉以来的海上神山，加以蜕变，成为池中筑岛。架设“吴桥”，称庭师为“路子工”。13—15世纪间，造园载籍《作庭记》问世，或谓藤原良经所著，乃东方最早造园文献。书中分论山石池岛栽植建筑，杂以阴阳五行佛教兼散布迷信之说。

36. 枯山水

日本庭园自成系统，具严谨法式，并随朝代而演变，既按地势分为平庭、筑山庭，又按手法分为真、行、草三体，在历史上先后出现一系列造园派别，如：平安朝（8—12世纪）皇室贵族的离宫寝殿式神泉苑；镰仓时代（13世纪）佛教方丈庭；室町时代（14—15世纪）称为日庭黄金时代禅宗[①]枯山水；桃山时代（16世纪）茶庭；江户时代（17—19世纪）因明遗臣朱舜水渡日讲学而兴起的文人庭。文人园在中国是剥削阶级表示清高的标志，被日本作为模仿对象；日庭命名以及建筑物题额，都用汉语，表达风雅根源。日本造园艺术普及各处，寺院民居，天井檐下，虽宅隙门前，仅容拳勺，也点缀花木，成袖珍式“箱庭”。镰仓时代以前，园景只对一面，仅供自茶席凝看，是不可登临的“眺望园”。嗣后才出现“回游式”庭园，铺设苑路，可行到园中徘徊顾盼。枯山水重点在石组，巨石壁立，缝隙象征瀑布，实无滴水。又有在洼地满铺白砂或松针苔藓，象征素波，以京都大德寺大仙院石庭最为典型（图38），是最早的筑山庭眺望园，乃相阿弥（？—1525）

---

① 禅宗始自唐代，是佛教苦空思想与庄子消极唯心哲学汇合各宗派的中国式佛教简易学派。南天竺人菩提达摩自称天竺禅宗第二十八祖，梁武帝时从海道来华，六传而分为南北二宗。神秀在北方建立基础，实际上是禅宗正统。唐高宗（650—683）时日僧道昭随唐使入长安，到相州习禅，回国后建禅院传法，为日本禅宗始祖（范文澜《中国通史》对禅宗有详尽论述）。室町时代中期禅宗思想开始影响艺术创作。禅宗主张佛在心内，最上乘离一切法相，思想从各拘束解脱出来，纯系谈空说无哲学，说穿了就是“口虽说空，行在有中”。禅僧饮茶始自唐开元年间，盛行于泰山灵岩寺，见《封氏闻见记》。唐德宗时陆羽《茶经》记载悠闲贵族的饮茶法。镰仓时期（南宋）日本禅僧荣西再度来华留4年带回啜茗习尚，为室町时期（明代）茶道茶庭树立基础。

图38　京都大仙院（大德寺一部）

所作。但石庭极诣应推京都龙安寺方丈前庭（图39），也是相阿弥手笔。满院白砂，钯纹作波，模拟江河。十五石块分为组，每组二、三、五块不等。从任何角度观之，总有一块不见而只见十四。布局纵横错落，暗示“虎渡子”[1]故事。石面仅有青苔，庭内无他花木，是“草庭”写意体裁，全赖园外赤松红叶做绿化背景。京都大德寺真珠庵方丈东庭七、五、三石组是又一例。抽象艺术至此可称达到最高成就。桃山时代茶庭

图39　京都龙安寺方丈前庭

① 《后汉书》刘琨传：“琨为宏农太守，仁化大行，虎皆负子渡河。”

极盛，洗尽豪华，专赖无形无体但富象征性的衬托如风云雨雪，鸟语虫吟，水声松籁，通过禅宗手法，引向内省幽玄境界，于小处见大之外，又借石灯笼石水钵点缀，作为茶庭特征。

37. 小堀远州

千利休（1522—1591）与小堀远州（1579—1647）所作茶庭，到今天还保存多处，最著称的是京都修学院离宫（图40），闲静幽邃，是远州所作。

图40　京都修学院离宫中藏六庵，后为奉月观，左下角片袖灯笼（鳄口灯笼）

38. 桂离宫

更有闻名世界的京都桂离宫（图41），也是远州手笔，被评为“洛西别境乾坤”，面积号称7公顷，乃现存“回游式”最大规模庭园。德川幕府19世纪中叶迁都江户（今东京），地无高岳清流，不似京都富紫山银水之美，庭园遂趋向平坦，范围广阔，老树大池，俨然中土气概，又添茶道点缀，东京的后

图41　京都桂离宫

乐[1]、蓬莱两园是典型作品。明治维新以后，造庭欧化，大片草坪，称为“芝庭”，具纯粹西方公园形式，传统造庭艺术乃日渐式微。

十二、东西互映

39. 对比

东西方古典园林各有其特点。欧洲与伊斯兰教园庭布置标准，是整理自然甚至征服自然，使之就范，平面轴线对称，花木“分行作队”[2]，有时修剪枝叶成鸟兽形状，但基本还不离真境。中国的蓬莱仙岛，百仞一拳，城市山林[3]，洞中天地，既作为真境一部分，又蓄意逃避现实，在真境之外，别辟幻境。日本则更参以禅宗，用枯山水与茶道为媒介，期待游观者能发挥想象力，对象征性艺术加深理解，取得反应，以达到佛教所追求的悟境，把造园艺术推到唯心的顶峰。东方园庭具有

---

① 后乐园是朱舜水主持兴造的。

② 明袁小修记燕京李园“奇花美石，分行作队”，讥其少自然之趣。

③ “城市山林”的拉丁同义语是Rus in Urbe，两词甚为巧合。

图42　谐趣园（在颐和园东北角）

封闭特性，伊斯兰教园也同样，只容少数游人，全属内向范畴。建筑用料简易原始，不甚耐久[①]。相反，凡尔赛宫园石墙铜饰，历久不坏，面积广阔，能容大量游众，具巴洛克园林外向无尽特点。但东西方也不乏共同点。希腊、罗马古代文人园，在中国西汉而后是常见的。哈德良大帝在罗马别庄仿建出

① 这和伊斯兰教园有相似之处。西班牙的红堡园，建筑用黏土、砖、木、石灰等低级材料，都不经久，其结果是在第二次世界大战期间全园有倾圮之患，现已重新修理复原，并常设维修小组，包括建筑专业者、雕刻家与木工瓦匠，准备将任何毁坏部分迅即复原，其着眼是推进旅游事业。

巡时所见名迹，而清高宗[①]更后来居上。法国吉拉丹夸称其英国式自然风格园庭具有“诗心画眼”（The Poet's Feeling and the Painter's Eye），这同申斯通和计成的论点[②]十分巧合。宋、明两代山水卷轴在日本15世纪被摹成水墨画作为造庭粉本，用淡雅色调，配合丹枫紫藤樱花，这与意大利文艺复兴庄园鲜明壮丽，以及伊斯兰教园金碧交辉成强烈对比。自从公元前1世纪，罗马的西塞罗对其郊园岩石表示欣赏，几乎同时，西汉袁广汉私园就“构石为山”，作为园中叠山的开始；到18世纪，英国惠特里（Thomas Whateley）1770年著《近世造园论》（*Observations on Modern Gardening*），列举造园要素水木建筑之外，又肯定石在园庭的艺术地位，而日本禅宗枯山水，更把组石提高到抽象唯心极限。

40. 造园巨匠

东西方造园艺术胚胎时间虽有先后，但成长却在中国西汉也正当罗马帝国公元前百年左右；两地同时，在罗马与长安

---

① 哈德良大帝出巡15年之久，清高宗6次南巡，回京后于北京圆明园东南万春园内仿建杭州小有天园，名四宜书屋；于清漪园（颐和园）仿无锡寄畅园建“惠山园”（1883年改名谐趣园，图42），又于长春园内仿建苏州狮子林，在热河避暑山庄除造狮子林外，又仿建嘉兴烟雨楼。

② 计成于所著《园冶》中，也自称所造园具有“荆关笔意”。

规模宏伟的帝王御苑与私家园墅相继出现。后来，正当唐、宋园林蔚兴，中古的欧洲则除伊斯兰教园在西班牙放出异彩以外，仅仅在城堡中及修道院保留小块绿地，直到16世纪中叶，西方造园艺术才再放光芒。这时，非但意大利文艺复兴庄园达极盛年代，也正逢中国江南园林蔚然焕发；再加日本禅宗山水和文人庭，以至法国17世纪凡尔赛宫园在东西方先后出现；欧亚两大陆，各将造园艺术推至顶峰。造园家则东方有日本的小堀远州（图43），中国的计成，法国的勒诺特尔（图44）和英国的布朗（图45），百余年间，东西对峙，成为

图43　日本造园家小堀远州

图44　法国造园家勒诺特尔

图45　英国造园家布朗

世界造园巨匠前后辈出，史无前例的一段奇观。

如果说，建筑反映使用人的性格，则园庭又是建筑的引申。中国自从经受西方思潮和物质文明侵袭以后，建筑艺术既走向西化，在绿化环境上也不可避免建设西式公园。而西方造园艺术较中国更能随时代演变。造园与建筑在艺术创作上气息相关；造园风格不能落后于建筑形式，否则环境难以协调。

41. 国立公园

今天，造园在配合现代建筑方面以大众化为基调。园景建筑结合规划，已成为这两专业合作与配合的不能避免，前者对后者势必起美化作用。城市公园以外，一些国家还圈定风景区作为国立公园（National Park）①，如美国1916年首次立法，先后发展28处国立公园，其中最著称的如黄石公园（Yellow Stone National Park），面积8710平方公里，有天然喷泉。又如冰川公园（Glacier Park）。这些公园都有旅馆以及供野营活动设备，并对保存动植物的科学研究提供条件。公园建设有由国立趋向世界化形势。1972年召开的国际国立公园会议，向联合国建议使南极成为世界公园，连新西兰1975年也提倡南极作为国

① 我国杭州、太湖、阳朔、牯岭以及其他多处佳山水都可辟为国立公园。

际公园。

20世纪20年代，巴黎个别住宅平屋顶上出现具现代作风的悬空园（图46），首次做到绿化形式和现代建筑风格相协调。这类屋顶庭园排除轴线对称，不设花坛，只用简单直线为花木草坪提供界限。屋顶庭园只是在建筑密集情况下不得已的措施，有其局限性。瑞典某些工人住宅区就不欢迎屋顶庭园而要求院内绿化。当然气候因素不利于屋顶栽植也是事实。美国近来发展室内花园，如在公共使用的天井大厅，或住宅起居室窗

图46　现代悬空园

沿布置绿化，前者为人群提供游观和健康环境，后者专供儿童、老年人和残疾人欣赏。

42. 抽象园艺

巴西新派画家、造园家马尔克斯（Roberto Burle Marx，1909—1994）从抽象绘画构图发展为用植物组成的自由式园庭（图47、图48），将北欧、拉美和热带各地植物混合使用；通过对比、重复、疏密等布置手法取得色调与形体。巴西绿化条件的优越为其他任何地区所不及，富有植物15000种[①]，这就使他的绿化调色盘格外丰富。他又善用浓淡不同的植物绿色作基本调子，认为依靠花卉色彩不过是观赏的一方面。他另一特点是把时间因素考虑在内，比如从飞机鸟瞰下面屋顶花园或以时速72公里汽车向路旁瞥睹绿地，观者自身在飞速中获致“动”的印象，自然与“闲庭信步”的人所得的有不同。时间加空间的造园艺术称为“现代巴洛克”（Modern Baroque）。马尔克斯作品最适用于平地或屋顶，而不易配进大面积公园，也只宜采迅速发育的热带植物品种。新的抽象风格与传统园庭对比之下，容易使之感到处在两个迥乎不同世界而不自在，只能作为

① 今天全世界共有植物7万余种，其中1800种可供药用。

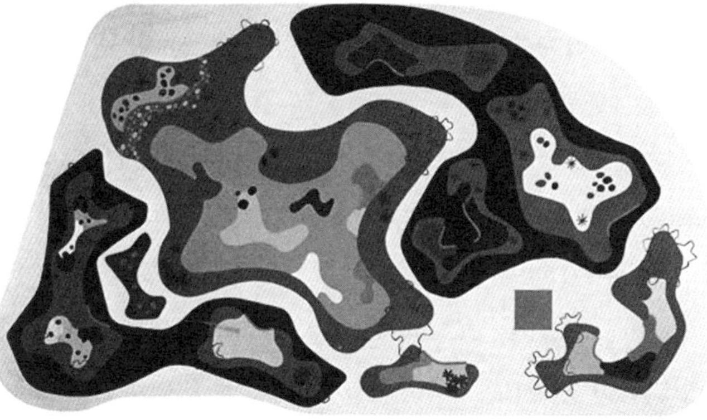

图47　马尔克斯抽象园庭平面方案

图48　马尔克斯抽象园庭一例

造园一种变格。马尔克斯开始于1934年从事造园工作，20世纪40—50年代最为活跃，南美与欧洲有他一些作品，是否会成为新方向，尚待时间证明。

1804年英国成立“皇家园艺协会”（*Royal Horticultural Society*），收集各地植物。继1860年“园景建筑”一词确立以后，美国于1899年成立全国性“美国园景建筑家协会”（American Society of Landscape Architects），是绿化职业最早组织，并于1910年开始发行《园景建筑》季刊（*Landscape Architecture*）作为机关刊物，1975年开始改为双月刊。此前，哈佛大学1909年开办园景建筑专业，其他大学也有随之办同样专业①。

43. 职业组织

英国1929年成立“英国园景建筑家协会”（British Institute of Landscape Architects），也在一些大学设立专业。园景建筑既是科学又是艺术，是艺术领域中最科学一分支。园景建筑职业渐趋国际化。1948年“国际园景建筑家联合会”（International

---

① 美国有14所大学培训园景工程师（Landscape Engineers）。法国、德国、比利时、瑞典、丹麦以及日本都设园景建筑专业，20年后也都成立园景建筑家协会。美国有会员4000名（1978年），开业者2000人。

Federation of Landscape Architecture）成立并在伦敦召开首次会议。该联合会又于1967年增设“园史组”，编纂世界园林史迹。1971年园史组在巴黎郊区枫丹白露宫园开会时，11个国家参与了，有日本但无中国代表出席。我国有悠久历史的杰出造园艺术，在世界仍未受到重视。这有待专业工作者努力，以填补这一空白点。

国家新闻出版广电总局

首届向全国推荐中华优秀传统文化普及图书

大家小书书目

国学救亡讲演录	章太炎　著　蒙　木　编
门外文谈	鲁　迅　著
经典常谈	朱自清　著
语言与文化	罗常培　著
习坎庸言校正	罗　庸　著　杜志勇　校注
鸭池十讲（增订本）	罗　庸　著　杜志勇　编订
古代汉语常识	王　力　著
国学概论新编	谭正璧　编著
文言尺牍入门	谭正璧　著
日用交谊尺牍	谭正璧　著
敦煌学概论	姜亮夫　著
训诂简论	陆宗达　著
金石丛话	施蛰存　著
常识	周有光　著　叶　芳　编
文言津逮	张中行　著
经学常谈	屈守元　著
国学讲演录	程应镠　著
英语学习	李赋宁　著
中国字典史略	刘叶秋　著
语文修养	刘叶秋　著
笔祸史谈丛	黄　裳　著
古典目录学浅说	来新夏　著
闲谈写对联	白化文　著
汉字知识	郭锡良　著
怎样使用标点符号（增订本）	苏培成　著
汉字构型学讲座	王　宁　著

诗境浅说	俞陛云　著
唐五代词境浅说	俞陛云　著
北宋词境浅说	俞陛云　著
南宋词境浅说	俞陛云　著
人间词话新注	王国维　著　滕咸惠　校注
苏辛词说	顾　随　著　陈　均　校
诗论	朱光潜　著
唐五代两宋词史稿	郑振铎　著
唐诗杂论	闻一多　著
诗词格律概要	王　力　著
唐宋词欣赏	夏承焘　著
槐屋古诗说	俞平伯　著
词学十讲	龙榆生　著
词曲概论	龙榆生　著
唐宋词格律	龙榆生　著
楚辞讲录	姜亮夫　著
读词偶记	詹安泰　著
中国古典诗歌讲稿	浦江清　著 浦汉明　彭书麟　整理
唐人绝句启蒙	李霁野　著
唐宋词启蒙	李霁野　著
唐诗研究	胡云翼　著
风诗心赏	萧涤非　著　萧光乾　萧海川　编
人民诗人杜甫	萧涤非　著　萧光乾　萧海川　编
唐宋词概说	吴世昌　著
宋词赏析	沈祖棻　著
唐人七绝诗浅释	沈祖棻　著
道教徒的诗人李白及其痛苦	李长之　著
英美现代诗谈	王佐良　著　董伯韬　编
闲坐说诗经	金性尧　著
陶渊明批评	萧望卿　著

古典诗文述略	吴小如　著
诗的魅力 ——郑敏谈外国诗歌	郑　敏　著
新诗与传统	郑　敏　著
一诗一世界	邵燕祥　著
舒芜说诗	舒　芜　著
名篇词例选说	叶嘉莹　著
汉魏六朝诗简说	王运熙　著　董伯韬　编
唐诗纵横谈	周勋初　著
楚辞讲座	汤炳正　著 汤序波　汤文瑞　整理
好诗不厌百回读	袁行霈　著
山水有清音 ——古代山水田园诗鉴要	葛晓音　著
红楼梦考证	胡　适　著
《水浒传》考证	胡　适　著
《水浒传》与中国社会	萨孟武　著
《西游记》与中国古代政治	萨孟武　著
《红楼梦》与中国旧家庭	萨孟武　著
《金瓶梅》人物	孟　超　著　张光宇　绘
水泊梁山英雄谱	孟　超　著　张光宇　绘
水浒五论	聂绀弩　著
《三国演义》试论	董每戡　著
《红楼梦》的艺术生命	吴组缃　著　刘勇强　编
《红楼梦》探源	吴世昌　著
《西游记》漫话	林　庚　著
史诗《红楼梦》	何其芳　著 王叔晖　图　蒙　木　编
细说红楼	周绍良　著
红楼小讲	周汝昌　著　周伦玲　整理

曹雪芹的故事　周汝昌　著　周伦玲　整理
古典小说漫稿　吴小如　著
三生石上旧精魂
——中国古代小说与宗教　白化文　著
《金瓶梅》十二讲　宁宗一　著
中国古典小说十五讲　宁宗一　著
古体小说论要　程毅中　著
近体小说论要　程毅中　著
《聊斋志异》面面观　马振方　著
《儒林外史》简说　何满子　著

我的杂学　周作人　著　张丽华　编
写作常谈　叶圣陶　著
中国骈文概论　瞿兑之　著
谈修养　朱光潜　著
给青年的十二封信　朱光潜　著
论雅俗共赏　朱自清　著
文学概论讲义　老　舍　著
中国文学史导论　罗　庸　著　杜志勇　辑校
给少男少女　李霁野　著
古典文学略述　王季思　著　王兆凯　编
古典戏曲略说　王季思　著　王兆凯　编
鲁迅批判　李长之　著
唐代进士行卷与文学　程千帆　著
说八股　启　功　张中行　金克木　著
译余偶拾　杨宪益　著
文学漫识　杨宪益　著
三国谈心录　金性尧　著
夜阑话韩柳　金性尧　著
漫谈西方文学　李赋宁　著
历代笔记概述　刘叶秋　著

周作人概观	舒　芜　著
古代文学入门	王运熙　著　董伯韬　编
有琴一张	资中筠　著
中国文化与世界文化	乐黛云　著
新文学小讲	严家炎　著
回归，还是出发	高尔泰　著
文学的阅读	洪子诚　著
中国文学1949—1989	洪子诚　著
鲁迅作品细读	钱理群　著
中国戏曲	么书仪　著
元曲十题	么书仪　著
唐宋八大家 ——古代散文的典范	葛晓音　选译

辛亥革命亲历记	吴玉章　著
中国历史讲话	熊十力　著
中国史学入门	顾颉刚　著　何启君　整理
秦汉的方士与儒生	顾颉刚　著
三国史话	吕思勉　著
史学要论	李大钊　著
中国近代史	蒋廷黻　著
民族与古代中国史	傅斯年　著
五谷史话	万国鼎　著　徐定懿　编
民族文话	郑振铎　著
史料与史学	翦伯赞　著
秦汉史九讲	翦伯赞　著
唐代社会概略	黄现璠　著
清史简述	郑天挺　著
两汉社会生活概述	谢国桢　著
中国文化与中国的兵	雷海宗　著
元史讲座	韩儒林　著

魏晋南北朝史稿	贺昌群　著
汉唐精神	贺昌群　著
海上丝路与文化交流	常任侠　著
中国史纲	张荫麟　著
两宋史纲	张荫麟　著
北宋政治改革家王安石	邓广铭　著
从紫禁城到故宫 ——营建、艺术、史事	单士元　著
春秋史	童书业　著
明史简述	吴　晗　著
朱元璋传	吴　晗　著
明朝开国史	吴　晗　著
旧史新谈	吴　晗　著　习　之　编
史学遗产六讲	白寿彝　著
先秦思想讲话	杨向奎　著
司马迁之人格与风格	李长之　著
历史人物	郭沫若　著
屈原研究（增订本）	郭沫若　著
考古寻根记	苏秉琦　著
舆地勾稽六十年	谭其骧　著
魏晋南北朝隋唐史	唐长孺　著
秦汉史略	何兹全　著
魏晋南北朝史略	何兹全　著
司马迁	季镇淮　著
唐王朝的崛起与兴盛	汪　篯　著
南北朝史话	程应镠　著
二千年间	胡　绳　著
论三国人物	方诗铭　著
辽代史话	陈　述　著
考古发现与中西文化交流	宿　白　著
清史三百年	戴　逸　著

清史寻踪	戴　逸　著
走出中国近代史	章开沅　著
中国古代政治文明讲略	张传玺　著
艺术、神话与祭祀	张光直　著 刘　静　乌鲁木加甫　译
中国古代衣食住行	许嘉璐　著
辽夏金元小史	邱树森　著
中国古代史学十讲	瞿林东　著
历代官制概述	瞿宣颖　著
宾虹论画	黄宾虹　著
中国绘画史	陈师曾　著
和青年朋友谈书法	沈尹默　著
中国画法研究	吕凤子　著
桥梁史话	茅以升　著
中国戏剧史讲座	周贻白　著
中国戏剧简史	董每戡　著
西洋戏剧简史	董每戡　著
俞平伯说昆曲	俞平伯　著　陈　均　编
新建筑与流派	童　寯　著
论园	童　寯　著
拙匠随笔	梁思成　著　林　洙　编
中国建筑艺术	梁思成　著　林　洙　编
沈从文讲文物	沈从文　著　王　风　编
中国画的艺术	徐悲鸿　著　马小起　编
中国绘画史纲	傅抱石　著
龙坡谈艺	台静农　著
中国舞蹈史话	常任侠　著
中国美术史谈	常任侠　著
说书与戏曲	金受申　著
世界美术名作二十讲	傅　雷　著

中国画论体系及其批评	李长之　著
金石书画漫谈	启　功　著　赵仁珪　编
吞山怀谷 ——中国山水园林艺术	汪菊渊　著
故宫探微	朱家溍　著
中国古代音乐与舞蹈	阴法鲁　著　刘玉才　编
梓翁说园	陈从周　著
旧戏新谈	黄　裳　著
民间年画十讲	王树村　著　姜彦文　编
民间美术与民俗	王树村　著　姜彦文　编
长城史话	罗哲文　著
天工人巧 ——中国古园林六讲	罗哲文　著
现代建筑奠基人	罗小未　著
世界桥梁趣谈	唐寰澄　著
如何欣赏一座桥	唐寰澄　著
桥梁的故事	唐寰澄　著
园林的意境	周维权　著
万方安和 ——皇家园林的故事	周维权　著
乡土漫谈	陈志华　著
现代建筑的故事	吴焕加　著
中国古代建筑概说	傅熹年　著
简易哲学纲要	蔡元培　著
大学教育	蔡元培　著 北大元培学院　编
老子、孔子、墨子及其学派	梁启超　著
春秋战国思想史话	嵇文甫　著
晚明思想史论	嵇文甫　著
新人生论	冯友兰　著

中国哲学与未来世界哲学	冯友兰　著
谈美	朱光潜　著
谈美书简	朱光潜　著
中国古代心理学思想	潘　菽　著
新人生观	罗家伦　著
佛教基本知识	周叔迦　著
儒学述要	罗　庸　著　杜志勇　辑校
老子其人其书及其学派	詹剑峰　著
周易简要	李镜池　著　李铭建　编
希腊漫话	罗念生　著
佛教常识答问	赵朴初　著
维也纳学派哲学	洪　谦　著
大一统与儒家思想	杨向奎　著
孔子的故事	李长之　著
西洋哲学史	李长之　著
哲学讲话	艾思奇　著
中国文化六讲	何兹全　著
墨子与墨家	任继愈　著
中华慧命续千年	萧萐父　著
儒学十讲	汤一介　著
汉化佛教与佛寺	白化文　著
传统文化六讲	金开诚　著　金舒年　徐令缘　编
美是自由的象征	高尔泰　著
艺术的觉醒	高尔泰　著
中华文化片论	冯天瑜　著
儒者的智慧	郭齐勇　著
中国政治思想史	吕思勉　著
市政制度	张慰慈　著
政治学大纲	张慰慈　著
民俗与迷信	江绍原　著　陈泳超　整理

政治的学问	钱端升　著　钱元强　编
从古典经济学派到马克思	陈岱孙　著
乡土中国	费孝通　著
社会调查自白	费孝通　著
怎样做好律师	张思之　著　孙国栋　编
中西之交	陈乐民　著
律师与法治	江　平　著　孙国栋　编
中华法文化史镜鉴	张晋藩　著
新闻艺术（增订本）	徐铸成　著
经济学常识	吴敬琏　著　马国川　编

中国化学史稿	张子高　编著
中国机械工程发明史	刘仙洲　著
天道与人文	竺可桢　著　施爱东　编
中国医学史略	范行准　著
优选法与统筹法平话	华罗庚　著
数学知识竞赛五讲	华罗庚　著
中国历史上的科学发明（插图本）	钱伟长　著

出版说明

“大家小书”多是一代大家的经典著作，在还属于手抄的著述年代里，每个字都是经过作者精琢细磨之后所拣选的。为尊重作者写作习惯和遣词风格、尊重语言文字自身发展流变的规律，为读者提供一个可靠的版本，“大家小书”对于已经经典化的作品不进行现代汉语的规范化处理。

提请读者特别注意。

北京出版社